超级简单

汉堡

［法］奥拉泰·苏克西萨万 著　［法］夏洛特·拉塞夫 摄影
胡婧 译

北京出版集团公司
北京美术摄影出版社

目 录

海鲜料理篇

素食篇

饕餮盛宴篇

注：本书食材图片仅为展示，不与实际所用食材及数量相对应

洋葱小黄瓜汉堡

 10 分钟

 5 分钟

 2 人份

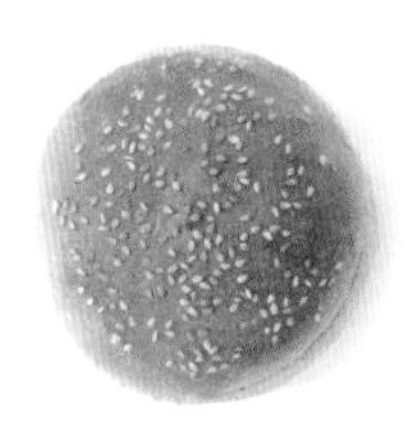

大圆面包 2 个

碎肉牛排 2 块（150 克）

醋渍小黄瓜 2 根

番茄酱 2 汤匙

酥脆洋葱屑 2 汤匙

芥末酱 2 汤匙

○ 把烤箱预热至 180℃。将醋渍小黄瓜切成圆片，将大圆面包横向切成两半。

○ 往平底锅里倒入少许油烧热。依个人口味，在碎肉牛排上撒上适量的盐和胡椒。把切好的大圆面包放入烤箱里烘烤 5 分钟，以达到加热的目的。

○ 开大火将碎肉牛排煎熟，每一面煎 1~2 分钟。在面包内里均匀地抹上番茄酱和芥末酱，然后依次加入碎肉牛排、醋渍小黄瓜片和酥脆洋葱屑，最后盖上顶层的面包即可。

奶酪汉堡

10 分钟

5 分钟

2 人份

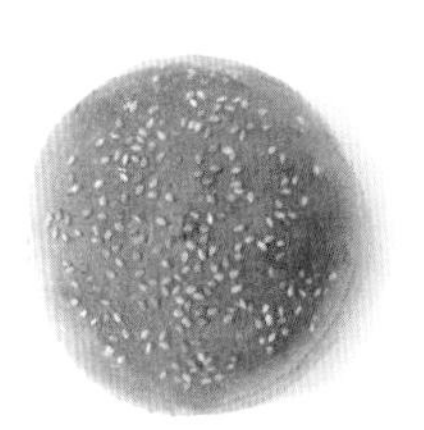
小圆面包 2 个

碎肉牛排 2 块（125 克）

醋渍小黄瓜 1 根

洋葱半个

白色切达奶酪 2 片

番茄酱 4 汤匙

- 把烤箱预热至 180℃。将醋渍小黄瓜纵向切成薄片，洋葱切成薄圈，然后将小圆面包横向切成两半。
- 依个人口味，在碎肉牛排上撒上适量的盐和胡椒。把切好的小圆面包放入烤箱里烘烤 3 分钟。
- 平底锅里倒入少许油烧热，开大火将碎肉牛排煎熟，每一面煎 1~2 分钟。
- 在面包内里均匀地抹上番茄酱，然后依次加入碎肉牛排、白色切达奶酪，接着将汉堡放入烤箱里烘烤 2 分钟。最后加入适量的醋渍小黄瓜片和洋葱圈，并盖上顶层的面包即可。

1869

美式风情篇

双层奶酪汉堡

 10 分钟

 5 分钟

 2 人份

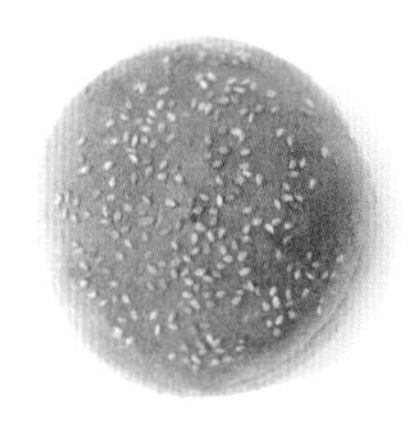

大圆面包 2 个

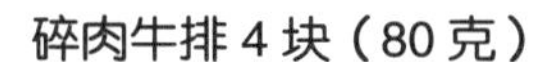

碎肉牛排 4 块（80 克）

醋渍小黄瓜 1 根

橙色切达奶酪 4 片

白色切达奶酪 4 片

番茄酱 4 汤匙

○ 把烤箱预热至 180℃。将醋渍小黄瓜切成圆片，然后把大圆面包横向切成两半。

○ 依个人口味，在碎肉牛排上撒上盐和胡椒。把切好的面包放入烤箱里烘烤 3 分钟。

○ 平底锅里倒入少许油烧热，开大火煎碎肉牛排，每一面煎 30 秒。在每块碎肉牛排上分别放上一片白色和橙色的切达奶酪。

○ 在面包内里均匀地抹上番茄酱，将铺着切达奶酪的碎肉牛排两两重叠起来，放到作为底层的面包上，接着将汉堡放进烤箱里烘烤 2 分钟。最后加入适量的醋渍小黄瓜片，并盖上顶层的面包即可。

培根汉堡

 15 分钟

 35 分钟

 2 人份

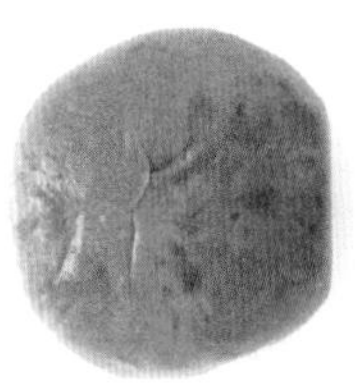
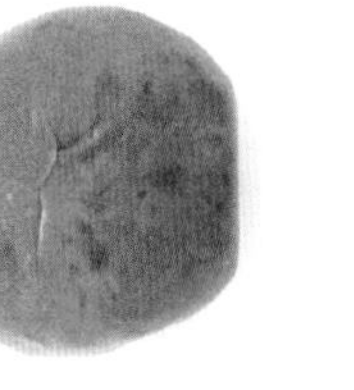

大圆面包 2 个

碎肉牛排 2 块（150 克）

洋葱 2 个

白色切达奶酪 2 片

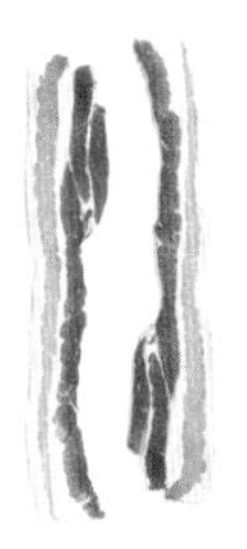

培根 6 片

烧烤酱 4 汤匙

○ 把切成丝的洋葱倒进平底锅里，用中火来回翻炒。炒至洋葱丝变色时，把火关小，撒上适量的盐和胡椒，并继续慢火烹煮 20 分钟。

○ 把培根放进预热至 180℃的烤箱里烘烤 12 分钟。把大圆面包横向切成两半，然后把切好的面包放入烤箱里烘烤 5 分钟。

○ 平底锅里倒入少许油烧热，开大火煎碎肉牛排，每一面煎 1~2 分钟。在每块牛排上放一片白色切达奶酪，并放入烤箱里烘烤 2 分钟。

○ 在面包内里均匀地抹上烧烤酱，并添加适量的熟洋葱丝，然后依次放上铺着白色切达奶酪的碎肉牛排、3 片培根，最后盖上顶层的面包即可。

美式风情篇

牛肉奶酪夹心汉堡

15 分钟

5 分钟

2 人份

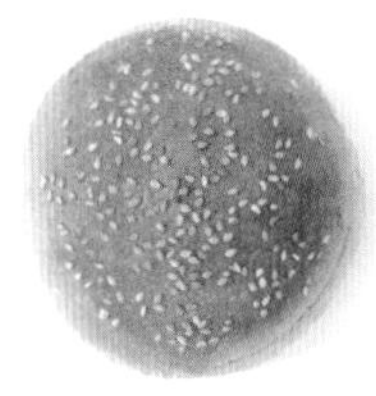

大圆面包 2 个

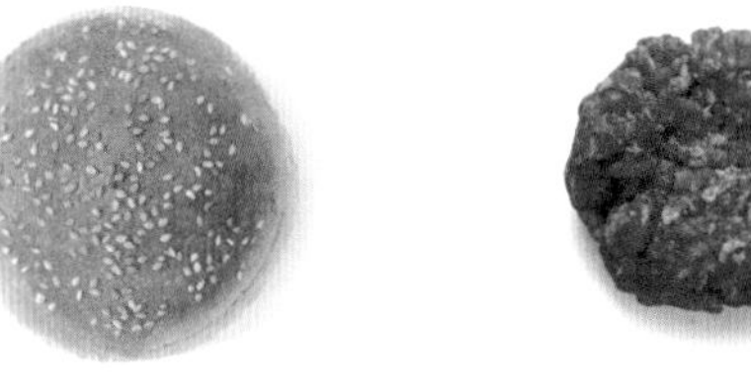

碎肉牛排 2 块（160 克）

橙色切达奶酪 2 片

红洋葱半个

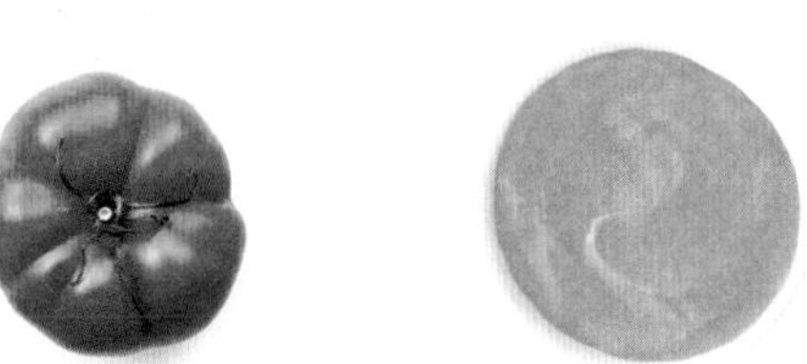

番茄 1 个

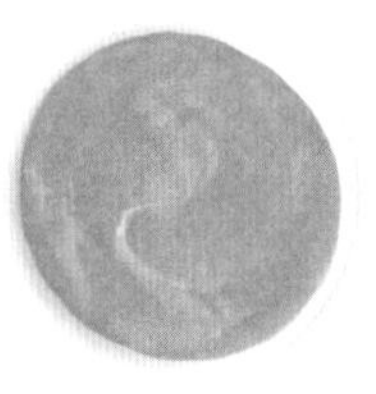

汉堡酱 4 汤匙

○ 把烤箱预热至 180℃。将番茄和红洋葱切成圆片，把大圆面包横向切成两半。将橙色切达奶酪对折成长方形塞到碎肉牛排里，塞好后注意确认牛排边缘的密封性（防止加热时奶酪融化外溢）。

○ 依个人口味，在碎肉牛排上撒上盐和胡椒。把切好的面包放入烤箱里烘烤 5 分钟。

○ 平底锅里倒入少许油烧热，开大火煎填着奶酪馅儿的碎肉牛排，每一面煎 1 分钟，随后放入烤箱里烘烤 5~6 分钟。

○ 在面包内里均匀地抹上汉堡酱，然后依次放上番茄片、碎肉牛排、红洋葱丝，最后盖上顶层的面包即可。

比萨汉堡

10 分钟

7 分钟

2 人份

大圆面包 2 个

碎肉牛排 2 块（150 克）

马苏里拉奶酪 125 克

西班牙辣味红肠（切成 16 片薄片）

番茄沙司 4 汤匙

新鲜罗勒叶 12 片

○ 把烤箱预热至 200℃。根据需要调整碎肉牛排的形状。将西班牙辣味红肠切成薄薄的小圆片，再把大圆面包横向切成两半。

○ 在面包内里均匀地抹上番茄沙司，均匀地平铺上马苏里拉奶酪碎块和西班牙辣味红肠片，放入烤箱里烘烤 5~7 分钟。

○ 平底锅里倒入少许油烧热，在碎肉牛排上撒上盐和胡椒，并开大火煎熟，每一面煎 2 分钟。用手将罗勒叶撕碎，撒到铺有马苏里拉奶酪碎块、西班牙辣味红肠片的面包片上，最后加入煎好的碎肉牛排并盖上顶层面包即可。

牛肉奶酪汉堡

10 分钟

15 分钟

2 人份

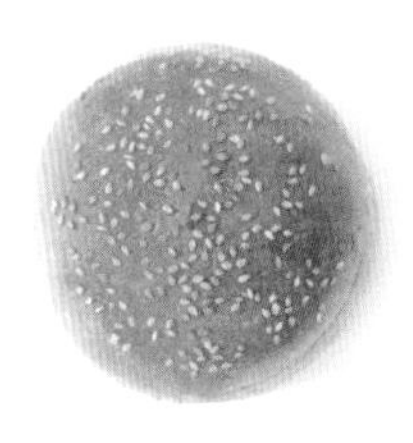

大圆面包 2 个

牛排 200 克

白色切达奶酪 4 片

洋葱 1 个

青辣椒 1 个

大蒜 1 瓣

○ 把烤箱预热至 180℃。将洋葱和青辣椒切成薄片，牛排切成细条。将适量的盐、胡椒和蒜末混合在一起，均匀地撒到牛肉条上。把白色切达奶酪切成小块，把大圆面包横向切成两半。

○ 把切好的面包放入烤箱里烘烤 5 分钟。

○ 平底锅里倒入少许油烧热，加入洋葱片炒至焦黄色。把炒好的洋葱片放到一边。接着开大火将牛肉条翻炒 1 分钟，然后加入洋葱片、青辣椒片和白色切达奶酪块一起炒。当奶酪开始融化时，铲起锅里的菜，并将之填到大圆面包内里即可。

美式风情篇

猪肉紫甘蓝汉堡

15 分钟

1 小时 30 分钟

4 人份

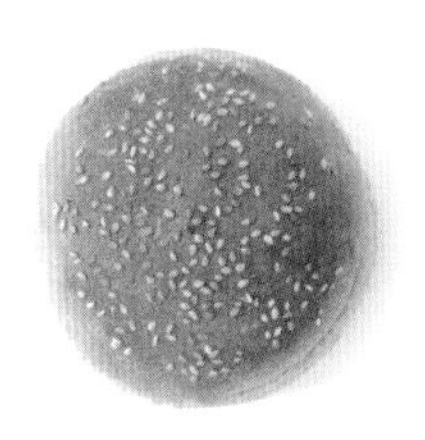

大圆面包 4 个

猪里脊肉 500 克

洋葱 2 个

胡萝卜 2 根

紫甘蓝叶片少许

烧烤酱 8 汤匙

- 把烤箱预热至 200℃。
- 在猪里脊肉上撒上盐和胡椒，铸铁炖锅里倒入适量食用油，开大火煎炸猪里脊肉，锅里加水直至没过猪里脊肉。将洋葱一切为四，放入锅中。等锅内汤汁开始沸腾时，盖上锅盖，把铸铁锅放进烤箱里慢炖 1 小时 15 分钟。取出猪里脊肉，接着把炖锅放到火上开盖继续煮 10 分钟，收汁。
- 胡萝卜切丝，紫甘蓝叶片切细丝。将大圆面包横向切成两半，放入预热至 180℃的烤箱烘烤 5 分钟。
- 将煮好的猪里脊肉撕成条状，淋上汤汁和烧烤酱。最后把猪里脊肉条和切好的蔬菜丝填到大圆面包里即可。

炸洋葱圈汉堡

 10 分钟

 20 分钟

 2 人份

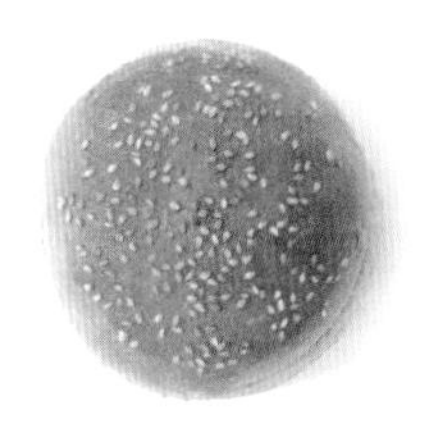

大圆面包 2 个

碎肉牛排 2 块（150 克）

冷冻炸洋葱圈 10 个

番茄 1 个

罗莎绿生菜菜叶 4 片

烧烤酱 6 汤匙

○ 把番茄切成圆片，再把大圆面包横向切成两半。根据需要调整碎肉牛排的形状。

○ 根据包装上的指示，用烤箱加热冷冻炸洋葱圈，并在加热结束前 5 分钟，把切好的面包放到烤箱里一同烘烤。

○ 平底锅里倒入少许油烧热，并开大火将碎肉牛排煎熟，每一面大约煎 2 分钟。

○ 在面包内里均匀地抹上烧烤酱，然后依次放上罗莎绿生菜菜叶、番茄片、碎肉牛排以及炸洋葱圈。最后在炸洋葱圈上淋上适量的烧烤酱，并盖上顶层的面包即可。

Deliciously
HP

美式风情篇

炸鸡块汉堡

5 分钟

15 分钟

2 人份

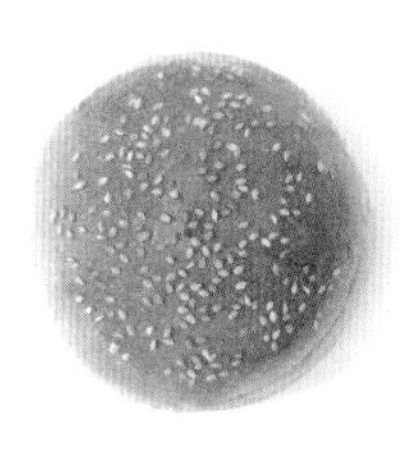
大圆面包 2 个

冷冻炸鸡块 6~8 块

番茄 2 个

西生菜 1/4 个

蛋黄酱 4 汤匙

烧烤酱 4 汤匙

- 把番茄切成圆片，西生菜切丝，再把大圆面包横向切成两半。
- 按照包装上的指示，用烤箱对冷冻炸鸡块进行加热，并在加热结束前 5 分钟，把切好的大圆面包放到烤箱里一同烘烤。
- 在面包内里的一面抹上蛋黄酱，另一面抹上烧烤酱。在抹有烧烤酱的一面放上几块炸鸡块，然后加入适量的番茄片和西生菜丝，最后盖上顶层的面包即可。

美式风情篇

培根生菜番茄汉堡

 5 分钟

 15 分钟

 2 人份

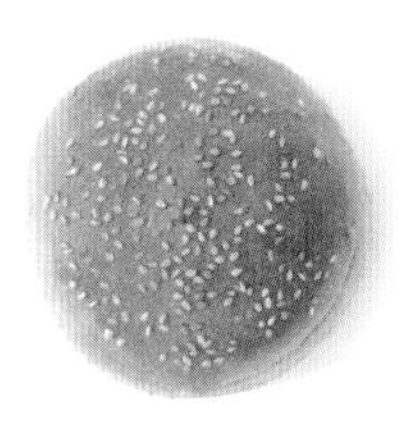

大圆面包 2 个

冷冻炸鸡排 2 块

番茄 2 个

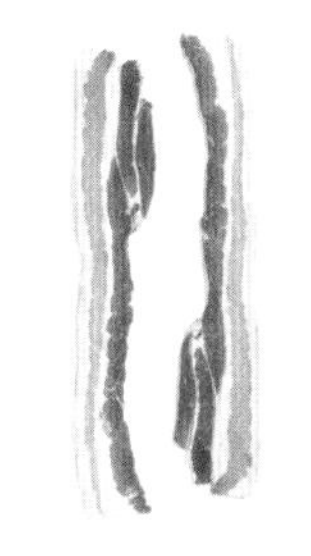

培根 6 片

蛋黄酱 4 汤匙

生菜菜心 8 片

○ 把番茄切成圆片，再把大圆面包横向切成两半。

○ 把培根放进预热至 180℃的烤箱里烘烤 12 分钟。

○ 按照包装上的指示，用烤箱对冷冻炸鸡排进行加热，并在加热结束前 5 分钟，把切好的大圆面包放到烤箱里一同烘烤。

○ 在大圆面包内里均匀地抹上蛋黄酱，然后铺上几片番茄片，再在上面依次摆上炸鸡排、培根和适量生菜菜心，最后盖上顶层的面包即可。

美式风情篇

恺撒汉堡

15 分钟

5 分钟

2 人份

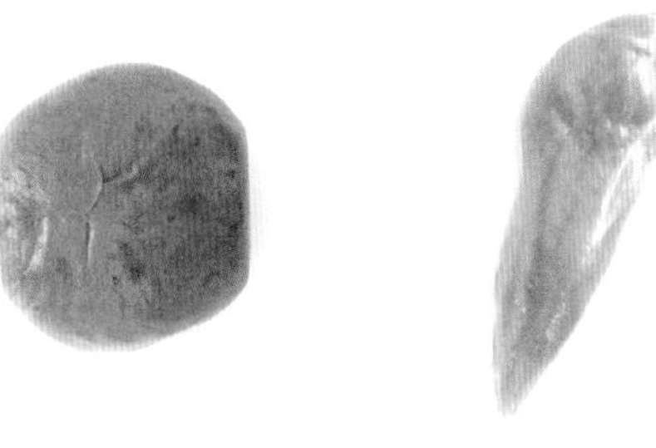

大圆面包 2 个

鸡肉 2 片（150 克）

罗马生菜菜叶 8 片

蒜泥蛋黄酱 4 汤匙

油浸鳀鱼条 6 条

帕尔玛奶酪 50 克

○ 把烤箱预热至 180℃。将鸡肉切细、剁碎，并在上面撒上适量的盐和胡椒。把碎肉放到两手间反复挤压，塑造成鸡排的形状。用削皮器把帕尔玛奶酪擦成碎屑状。

○ 把大圆面包横向切成两半，然后把切好的大圆面包放入烤箱里烘烤 5 分钟。

○ 平底锅里倒入少许油烧热，用中火煎制鸡排，每一面煎 3~4 分钟。

○ 在大圆面包内里均匀地抹上蒜泥蛋黄酱，然后依次放上煎好的鸡排、油浸鳀鱼条，撒上适量的帕尔玛奶酪碎屑，再加入撕碎的罗马生菜菜叶，最后盖上顶层的面包即可。

美式风情篇

热狗汉堡

 5 分钟

 15 分钟

 2 人份

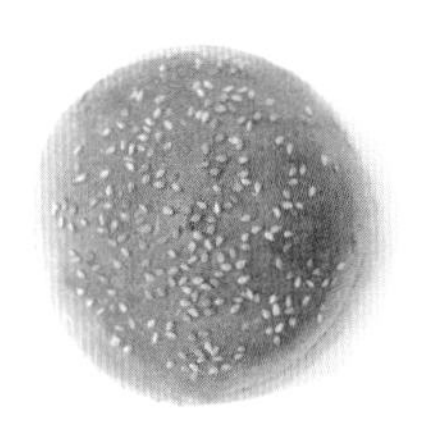

大圆面包 2 个

碎肉牛排 2 块（125 克）

热狗肠 2 根

酥脆洋葱屑 2 汤匙

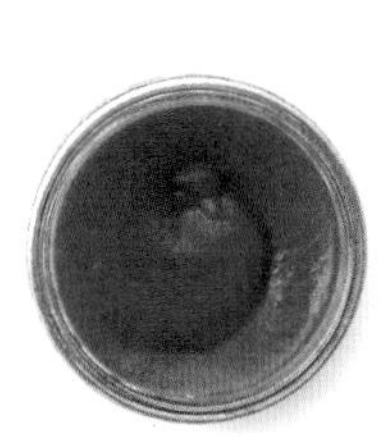

番茄酱 4 汤匙

芥末酱 2 汤匙

- 把烤箱预热至 180℃。把热狗肠从中间切成两段，再将每一段纵向切成两半。
- 将大圆面包横向切成两半，并放入烤箱里烘烤 5 分钟。平底锅里倒入少许油烧热，然后把切好的热狗肠下锅煎 2~3 分钟。
- 在碎肉牛排的两面都撒上适量的盐和胡椒，接着在锅里倒入少量食用油，开大火煎碎肉牛排，每一面煎 1~2 分钟。
- 在大圆面包内里均匀地抹上番茄酱和芥末酱，然后依次放上做好的碎肉牛排、热狗肠和酥脆洋葱屑，最后盖上顶层的面包即可。

法国奶酪篇

奶酪红葱头汉堡

15 分钟

5 分钟

2 人份

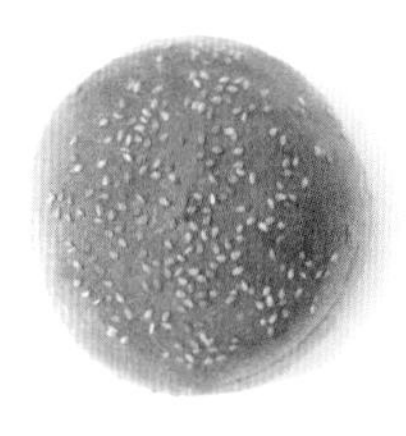
大圆面包 2 个

碎肉牛排 2 块（150 克）

红葱头 3 个

西班牙雪莉醋 2 汤匙

冈塔尔奶酪 80 克

绿卷须生菜 125 克

○ 把烤箱预热至 180℃。将红葱头切成薄片，然后在平底锅里倒入少许油，用中火煸炒。炒至变色时，倒入西班牙雪莉醋，并继续翻炒，收汁。

○ 将大圆面包横向切成两半，放入烤箱里烘烤 5 分钟。冈塔尔奶酪切片。

○ 根据需要调整碎肉牛排的形状，在牛排上撒上盐和胡椒。开大火煎牛排，每一面煎 1~2 分钟。在每块牛排上铺几片冈塔尔奶酪片，然后放入烤箱里烘烤 2 分钟。

○ 在大圆面包的一面铺上红葱头片，再放上铺着冈塔尔奶酪片的碎肉牛排和适量的绿卷须生菜，最后盖上顶层的面包即可。

法国奶酪篇

奶酪蘑菇汉堡

15 分钟

5 分钟

2 人份

大圆面包 2 个

碎肉牛排 2 块（150 克）

洋葱 1 个

巴黎蘑菇 8 个

博福尔奶酪 80 克

蒜泥蛋黄酱 4 汤匙

○ 把烤箱预热至 180℃。每个巴黎蘑菇切成四等份。博福尔奶酪切片，洋葱切丝。根据需要调整碎肉牛排的形状，在碎肉牛排上撒上适量的盐和胡椒。

○ 平底锅里倒入少许油，洋葱丝下锅用中火煸炒，接着加入巴黎蘑菇继续翻炒，撒上适量的盐和胡椒调味。炒至色泽金黄时，起锅备用。把大圆面包横向切成两半，放入烤箱里烘烤 5 分钟。

○ 开大火煎牛排,每一面煎 1~2 分钟。在每块牛排上铺几片博福尔奶酪片，然后放到烤箱里烘烤 2 分钟。

○ 在大圆面包内里均匀地抹上蒜泥蛋黄酱，放上牛排和巴黎蘑菇，最后盖上顶层的面包即可。

法国奶酪篇

奶酪菠菜汉堡

15 分钟

25 分钟

2 人份

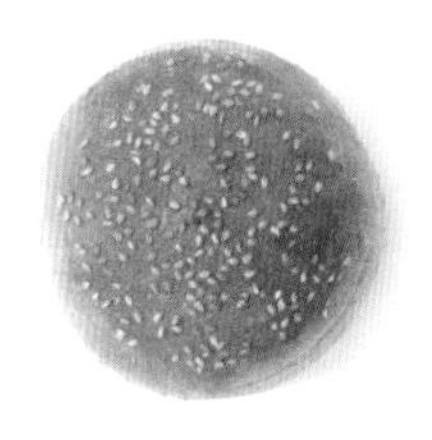

大圆面包 2 个

碎肉牛排 2 块（150 克）

洋葱 2 个

鲜稠奶油 1 汤匙

罗克福奶酪 80 克

菠菜嫩叶 60 克

○ 把烤箱预热至 180℃。平底锅里倒入食用油，然后把切成丝的洋葱下锅，中火来回翻炒。炒至洋葱丝变色时，把火关小，撒上适量的盐和胡椒，慢火烹煮 20 分钟。将大圆面包横向切成两半。

○ 将罗克福奶酪和鲜稠奶油混合后放到微波炉里加热 20 秒。把大圆面包放入烤箱里烘烤 5 分钟。

○ 在碎肉牛排上撒上适量的盐和胡椒，然后开大火煎牛排，每一面煎 1~2 分钟。

○ 在大圆面包的一面铺上洋葱丝，再在上面放上碎肉牛排，淋上罗克福奶酪制成的混合酱汁，最后加入适量菠菜嫩叶，并盖上顶层的面包即可。

法国奶酪篇

奶酪板烧汉堡

10 分钟

5 分钟

2 人份

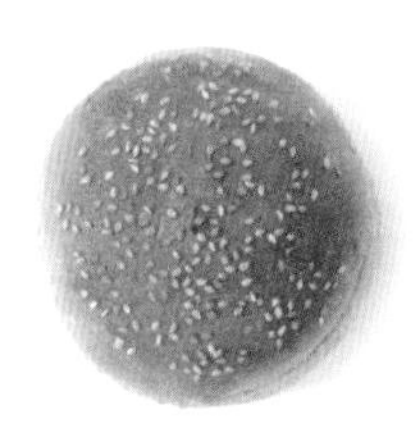

大圆面包 2 个

碎肉牛排 2 块（150 克）

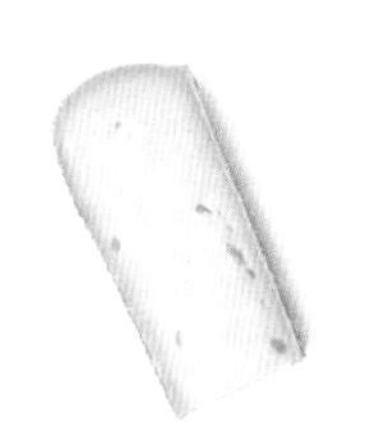

拉克雷特奶酪 4 片

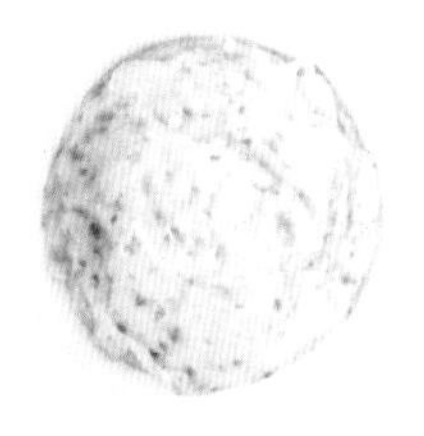

塔塔酱 4 汤匙

小黄瓜 4 根

野苣叶 60 克

○ 将大圆面包横向切成两半，小黄瓜切成薄片。根据需要调整碎肉牛排的形状，在碎肉牛排上撒上适量的盐和胡椒。

○ 把烤箱预热至 180℃，然后把切好的面包放入烤箱里烘烤 5 分钟。

○ 开大火煎牛排，每一面煎 1~2 分钟。在每块碎肉牛排上铺两片拉克雷特奶酪，然后放到烤箱里烘烤 2 分钟。

○ 在大圆面包内里均匀地抹上塔塔酱，然后放上铺着拉克雷特奶酪的碎肉牛排，最后加入适量的小黄瓜薄片和野苣叶，并盖上顶层的面包即可。

法国奶酪篇

奶酪肥肉丁汉堡

15 分钟

25 分钟

2 人份

瓜子仁小面包 2 个

碎肉牛排 2 块（150 克）

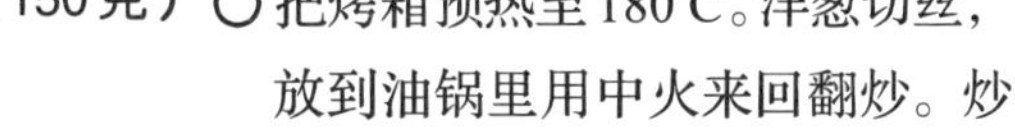

勒布罗匈奶酪 4 片

洋葱 2 个

肥肉丁 75 克

欧式什锦生菜 60 克

○ 把烤箱预热至 180℃。洋葱切丝，放到油锅里用中火来回翻炒。炒至洋葱丝变色时，把火关小，撒上适量的盐和胡椒，并继续慢火烹煮 20 分钟。将瓜子仁小面包横向切成两半，并放到烤箱里烘烤 3 分钟。

○ 将肥肉丁下锅翻炒。根据需要调整碎肉牛排的形状，在碎肉牛排上撒上适量的盐和胡椒，开大火煎碎肉牛排，每一面煎 1 分钟。

○ 在瓜子仁小面包的一面铺上洋葱丝，放上碎肉牛排和两片勒布罗匈奶酪，再加入炒好的肥肉丁。把汉堡放到烤箱里烘烤 2~3 分钟。

○ 加入适量的欧式什锦生菜，最后盖上顶层的面包即可。

法国奶酪篇

奶酪香肠汉堡

5 分钟

5 分钟

2 人份

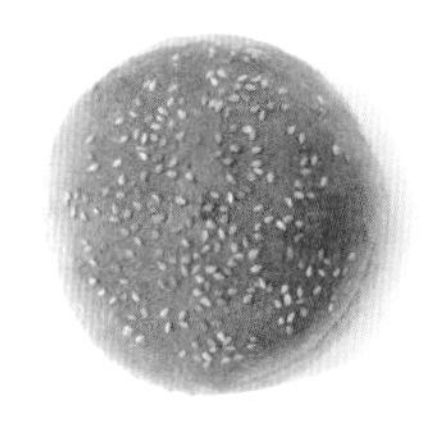

大圆面包 2 个

碎肉牛排 2 块（150 克）

金山奶酪 2 大汤匙

蒜味香肠 4 片

芥末酱 2 汤匙

野苣叶 60 克

○ 把烤箱预热至 180℃。将大圆面包横向切成两半，并放到烤箱里烘烤 3 分钟。

○ 根据需要调整碎肉牛排的形状，然后依个人口味，在碎肉牛排上撒上适量的盐和胡椒，接着开大火煎牛排，每一面煎 1~2 分钟。在每块牛排上淋 1 汤匙金山奶酪。

○ 在面包内里均匀地抹上芥末酱，放上淋有奶酪的碎肉牛排，然后把汉堡放到烤箱里烘烤 2~3 分钟。最后往每个汉堡里加入两片蒜味香肠和适量的野苣叶，并盖上顶层的面包即可。

法国奶酪篇

奶酪薯饼汉堡

 10 分钟

 15 分钟

 2 人份

意大利夏巴塔面包 2 个

碎肉牛排 2 块（150 克）

萨瓦多姆奶酪 4 片

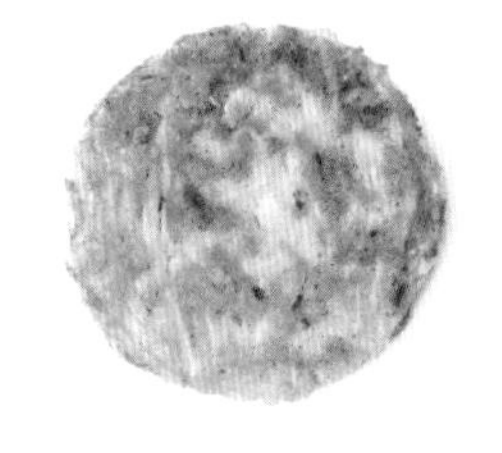

冷冻薯饼 2 个

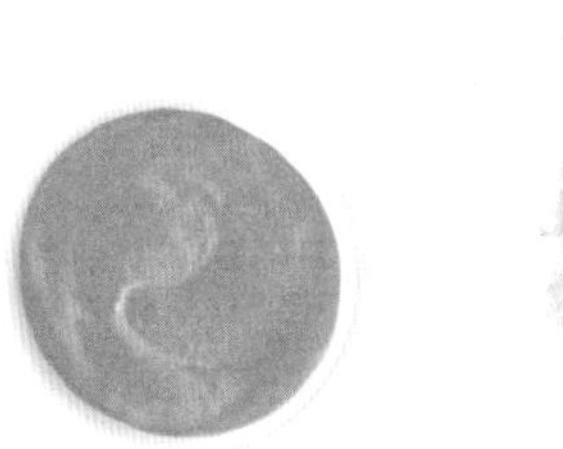

汉堡酱 4 汤匙

罗莎绿生菜菜叶 4 片

○ 把烤箱预热到 180℃。将意大利夏巴塔面包横向切成两半。按照包装上的指示，用平底锅对冷冻薯饼进行加热。

○ 把切好的面包放入烤箱里烘烤 3 分钟。依个人口味，在碎肉牛排上撒上适量的盐和胡椒，然后开大火将每一面煎 1~2 分钟。

○ 在面包内里均匀地抹上汉堡酱，然后依次放上薯饼、碎肉牛排、萨瓦多姆奶酪切片。将汉堡放入烤箱烘烤 2~3 分钟。最后加入适量罗莎绿生菜菜叶，并盖上顶层的面包即可。

法国奶酪篇

卡芒贝尔奶酪苹果汉堡

10 分钟

15 分钟

2 人份

大圆面包 2 个

碎肉牛排 2 块（150 克）

卡芒贝尔奶酪 4 片

苹果 1 个

蒜泥蛋黄酱 4 汤匙

野苣叶 60 克

○ 将苹果切成薄片。在烧热的平底锅里加入少量油，把苹果片下锅煎至金黄。

○ 把烤箱预热至 180℃。将大圆面包横向切成两半，并放进烤箱里烘烤 3 分钟。

○ 依个人口味，在碎肉牛排上撒上适量的盐和胡椒，然后开大火将每一面煎 1~2 分钟。

○ 在面包内里均匀地抹上蒜泥蛋黄酱，然后依次放上碎肉牛排、卡芒贝尔奶酪切片。将汉堡放入烤箱烘烤 2~3 分钟。最后加入适量的苹果片和野苣叶，并盖上顶层的面包即可。

法国奶酪篇

奶酪苦苣汉堡

5 分钟

5 分钟

2 人份

大圆面包 2 个

碎肉牛排 2 块（150 克）

马罗瓦勒奶酪 4 小片

苦苣 1 个

芥末酱 2 汤匙

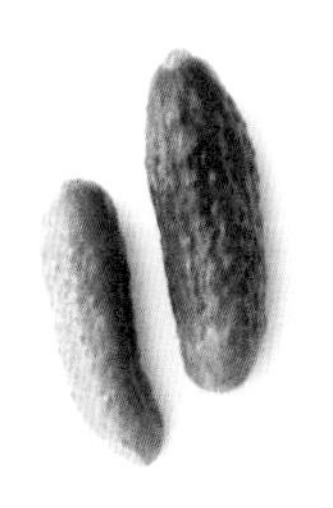
醋渍小黄瓜 2 根

○ 把烤箱预热至 180℃。将大圆面包横向切成两半，将醋渍小黄瓜切成小圆片，接着将苦苣纵向切成条状。

○ 把切好的大圆面包放入烤箱里烘烤 3 分钟。依个人口味，在碎肉牛排上撒上适量的盐和胡椒，然后开大火将每一面煎 1~2 分钟。

○ 在面包内里均匀地抹上芥末酱，然后依次放上碎肉牛排、马罗瓦勒奶酪切片。将汉堡放入烤箱烘烤 2~3 分钟。

○ 加入适量的醋渍小黄瓜片和苦苣条，并盖上顶层的面包即可。

奶酪腌酸菜汉堡

10 分钟

17 分钟

2 人份

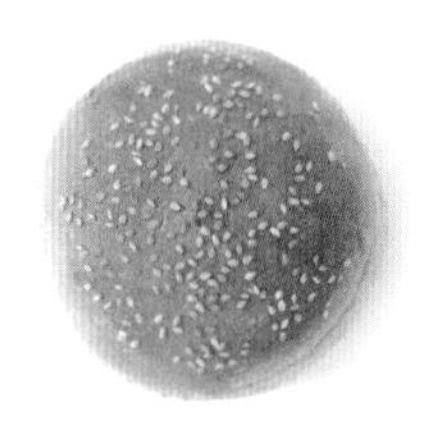
大圆面包 2 个

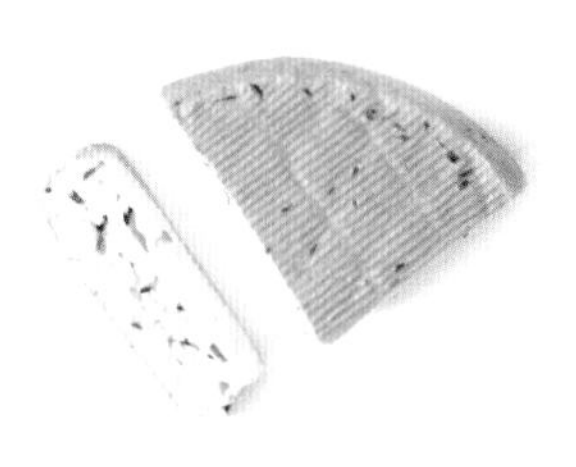
孜然风味的芒斯特奶酪 4 小片

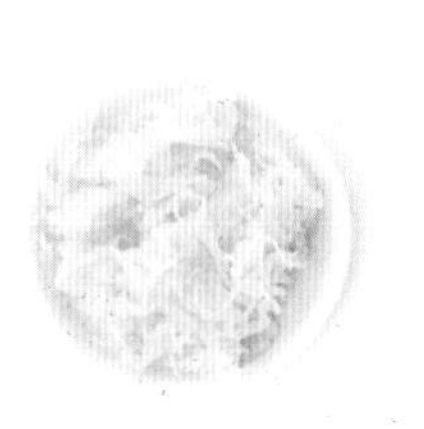
腌酸菜 40 克

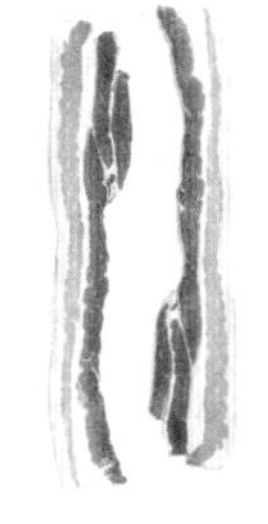
碎肉牛排 2 块（150 克）

培根 6 片

芥末酱 2 汤匙

- 冲洗腌酸菜，并把水完全沥干。
- 将培根放进预热至 180℃的烤箱里烘烤 12 分钟。将大圆面包横向切成两半，并放入烤箱烘烤 5 分钟。
- 根据需要调整碎肉牛排的形状，并在上面撒上适量的盐和胡椒，然后开大火将每一面煎 1~2 分钟。在每块牛排上铺两片孜然风味的芒斯特奶酪，再放入烤箱里烘烤 2 分钟。
- 在面包内里均匀地抹上芥末酱，然后依次放上铺着奶酪的碎肉牛排、培根。最后加入适量的腌酸菜，并盖上顶层的面包即可。

法国奶酪篇

奶酪芥末酱汉堡

10 分钟

5 分钟

2 人份

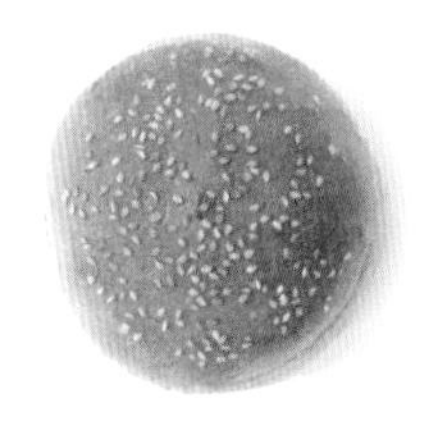
大圆面包 2 个

碎肉牛排 2 块（150 克）

博福尔奶酪 80 克

鲜稠奶油 1 汤匙

含芥末籽的老式芥末酱 1 汤匙

菠菜嫩叶 60 克

○ 把烤箱预热至 180℃。将鲜稠奶油和含芥末籽的老式芥末酱混合调匀，并放入微波炉里加热45秒。

○ 将博福尔奶酪切成薄片，将大圆面包横向切成两半。把切好的大圆面包放入烤箱里烘烤 5 分钟。

○ 根据需要调整碎肉牛排的形状，并在上面撒上盐和胡椒，然后开大火将每一面煎 1~2 分钟。在每块碎肉牛排上铺上适量的博福尔奶酪片，再放入烤箱里烘烤2分钟。

○ 在大圆面包内里均匀地抹上鲜稠奶油和芥末酱的混合酱汁，然后依次放上铺着博福尔奶酪片的碎肉牛排、菠菜嫩叶。最后盖上顶层的面包即可。

法国奶酪篇

奶酪鸡肉甜椒汉堡

10 分钟

15 分钟

2 人份

大圆面包 2 个

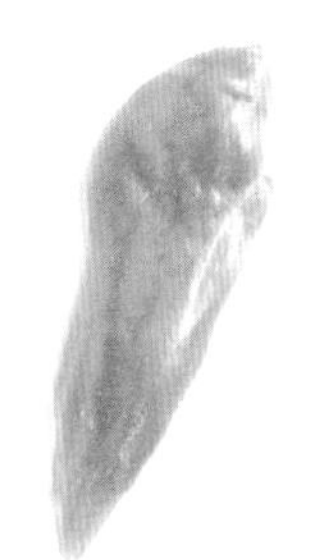

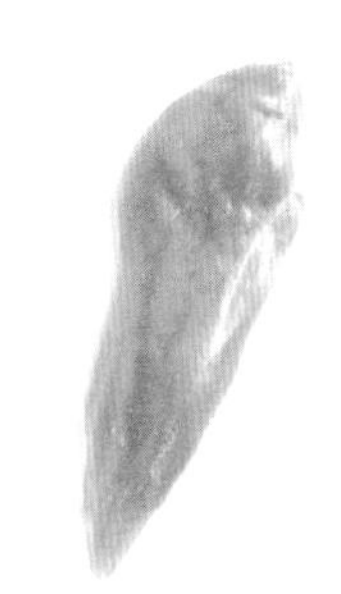

鸡肉 2 片（150 克）

洋葱半个

甜椒半个

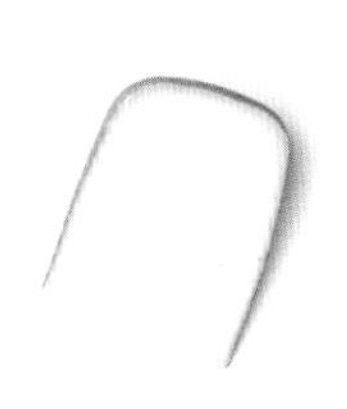

多姆绵羊奶酪 80 克

芝麻菜 60 克

○ 把烤箱预热至 180℃。将鸡肉剁碎，撒上适量的盐和胡椒，用手揉成鸡排形状。多姆绵羊奶酪切片，洋葱和甜椒切丝。

○ 洋葱丝放入油锅，中火来回翻炒，炒至洋葱丝变色时，加入甜椒丝，继续炒 1 分钟，撒上适量的盐和胡椒调味。大圆面包横向切成两半放入烤箱烘烤 5 分钟。

○ 用中火煎鸡排，每一面煎 3~4 分钟。在每块鸡排上铺几片多姆绵羊奶酪片，然后放入烤箱里烘烤 2~3 分钟。

○ 在大圆面包的一面铺上炒好的洋葱丝和甜椒丝，放上奶酪鸡排，最后加入适量的芝麻菜，盖上顶层的面包即可。

法国奶酪篇

奶酪火腿汉堡

10 分钟

5 分钟

4 人份

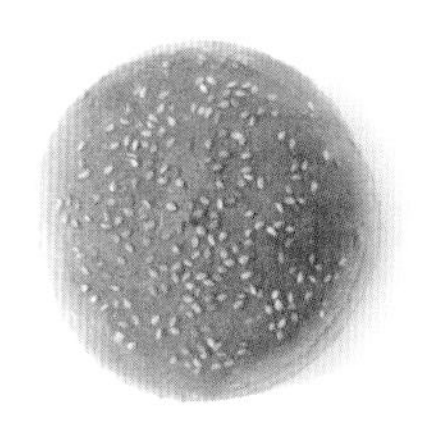
大圆面包 2 个

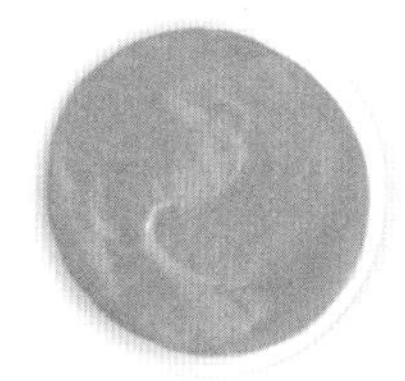
碎肉牛排 2 块（150 克）

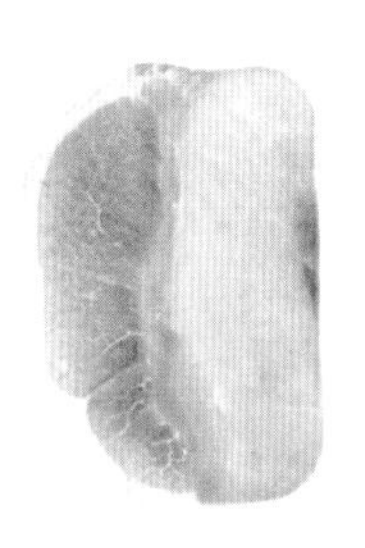
火腿片 1 片

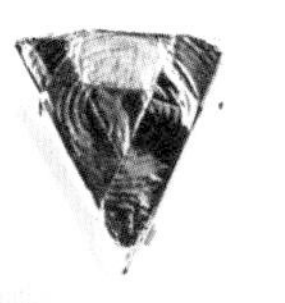
乐芝牛小三角奶酪 4 块

橡叶生菜菜叶 4 片

汉堡酱 4 汤匙

○ 把烤箱预热至 180℃。将火腿片切成相等的两份，大圆面包横向切成两半。把乐芝牛小三角奶酪用汤匙碾压成糊状。

○ 把切好的大圆面包放到烤箱里烘烤 5 分钟。

○ 调整碎肉牛排的形状和大小，在碎肉牛排上撒上适量的盐和胡椒，接着开大火煎牛排，每一面煎 1~2 分钟。在每块碎肉牛排上铺上适量的乐芝牛小三角奶酪糊，然后放到烤箱里烘烤 2~3 分钟。

○ 在面包内里均匀地抹上汉堡酱，然后依次放上淋有奶酪糊的碎肉牛排、半片火腿、橡叶生菜菜叶，最后盖上顶层的面包即可。

印式烤鸡块汉堡

5 分钟

5 分钟

2 人份

大圆面包 2 个

香辣烤鸡块 8 块

酸奶黄瓜酱 125 克

黄瓜半根

香菜少许

- 把大圆面包横向切成两半，黄瓜切成薄薄的圆片。
- 按照包装上的指示，用烤箱对香辣烤鸡块进行加热，并在加热结束前 5 分钟，把切好的大圆面包放到烤箱里一同烘烤。
- 在面包内里均匀地抹上酸奶黄瓜酱，然后铺上几片黄瓜片，再在上面摆上香辣烤鸡块和适量香菜，最后盖上顶层的面包即可。
- 还可根据个人口味，在汉堡里加入适量的洋葱丝或番茄片。

泰式咖喱鸡汉堡

5 分钟

5 分钟

2 人份

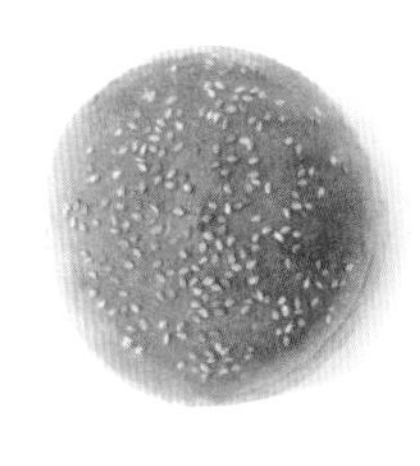

大圆面包 2 个

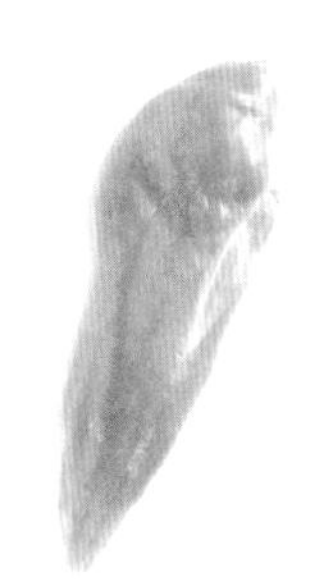

鸡肉 2 片（150 克）

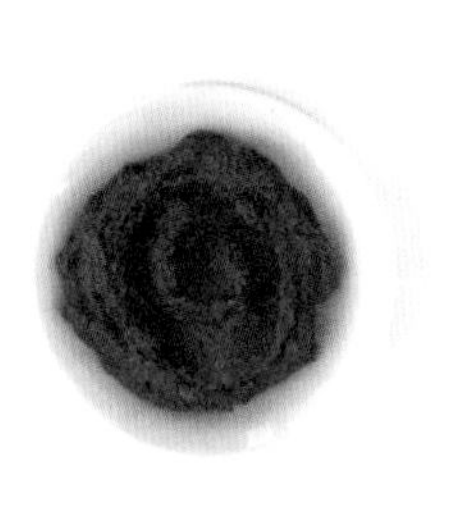

泰式红咖喱酱 1 茶匙

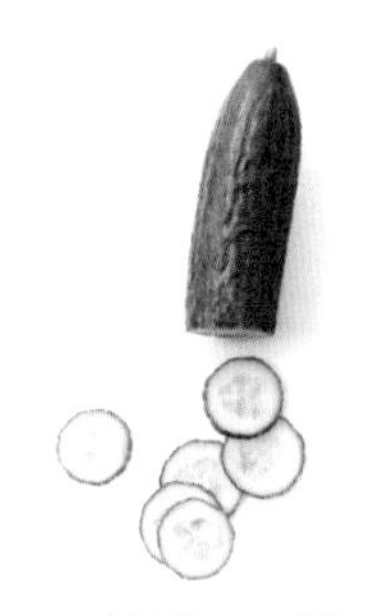

黄瓜 1/4 根

香菜少许

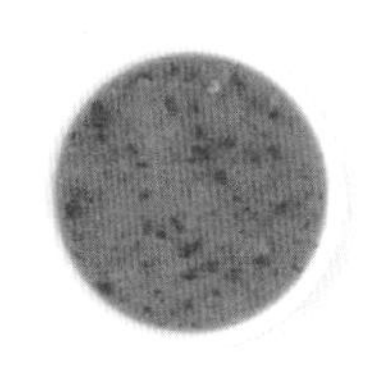

泰式甜辣酱 4 汤匙

○ 把烤箱预热至 180℃。将黄瓜切成薄薄的圆片。把鸡肉和香菜切细、剁碎，并把碎鸡肉和剁碎的香菜以及泰式红咖喱酱混合在一起，再在上面撒上适量的盐和胡椒。把碎鸡肉放到两手间反复挤压，塑造成鸡排的形状。

○ 把大圆面包横向切成两半，然后把切好的大圆面包放入烤箱里烘烤 5 分钟。往平底锅里倒入少许油烧热，用中火煎制鸡排，每一面煎 3~4 分钟。

○ 在面包内里均匀地抹上泰式甜辣酱，然后放上鸡排和黄瓜片，最后盖上顶层的面包即可。

越式三明治汉堡

 10 分钟

 8 分钟烹饪，提前 1 小时腌制

 2 人份

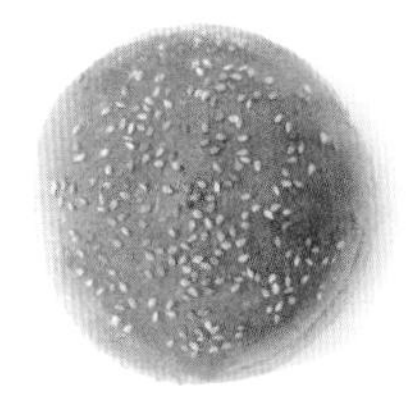
大圆面包 2 个

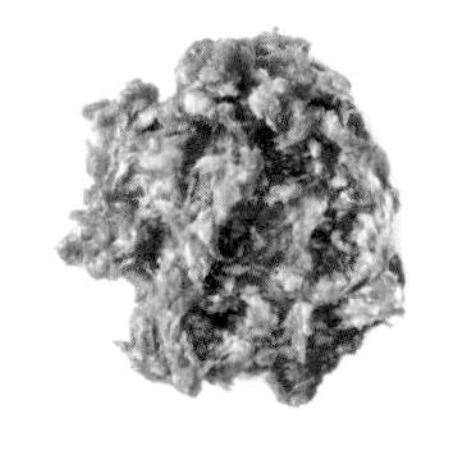
用于灌肠的猪肉糜 300 克

胡萝卜 2 根

细蔗糖 1 汤匙

白醋 2 汤匙

香菜少许

○ 把烤箱预热至 180℃。将胡萝卜擦成细丝，然后把胡萝卜丝、细蔗糖、白醋以及少许盐混合在一起，腌制 1 小时。

○ 把大圆面包横向切成两半，然后把切好的面包放入烤箱里烘烤 5 分钟。把猪肉糜放到两手间反复挤压，塑造成猪排的形状，接着用中火煎制猪排，每一面煎 4 分钟。

○ 在大圆面包的一面放上煎好的猪排和腌好的胡萝卜丝，然后加入一些香菜，并盖上顶层的面包即可。

○ 可以根据个人喜好，在面包内里抹上适量的蛋黄酱。

猪肉菠萝培根汉堡

 10 分钟

 20 分钟

 2 人份

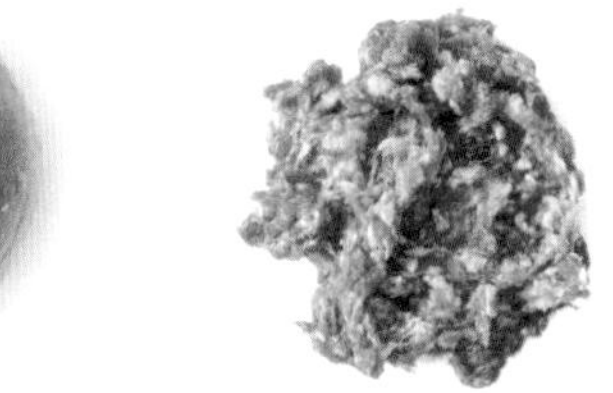

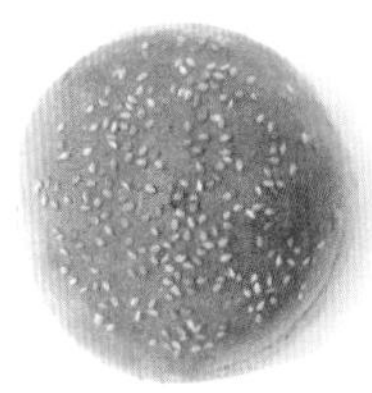

大圆面包 2 个

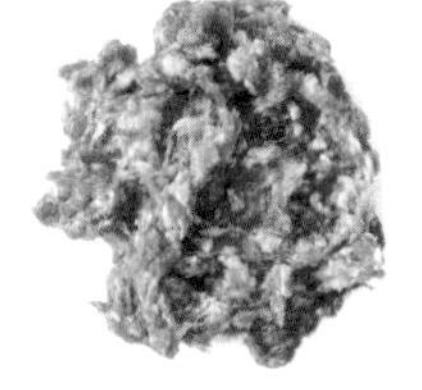

用于灌肠的猪肉糜 300 克

菠萝 4 片

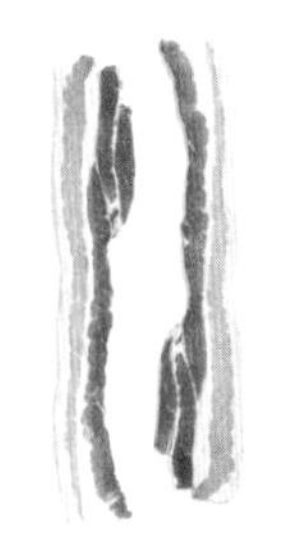

培根 6 片

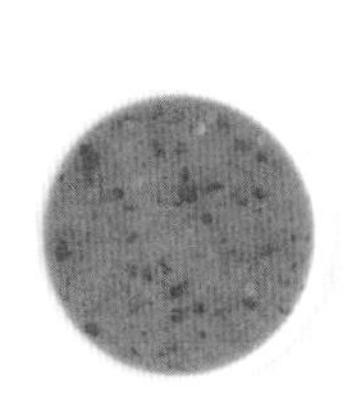

泰式甜辣酱 4 汤匙

橡叶生菜菜叶 4 片

○ 把用于灌肠的猪肉糜放到两手间反复挤压，塑造成猪排的形状。

○ 把培根放到预热至 180℃的烤箱里烘烤 12 分钟。在锅里倒入少量食用油，将菠萝片下锅，煎至两面都呈焦糖色为止。把大圆面包横向切成两半，然后把切好的大圆面包放入烤箱里烘烤 5 分钟。

○ 往锅里倒入少许油，用中火煎制猪排，每一面煎 4 分钟。

○ 在面包内里均匀地抹上泰式甜辣酱，然后放上煎好的猪排、培根、菠萝片，最后加入适量橡叶生菜菜叶，并盖上顶层的面包即可。

日式照烧牛肉汉堡

10 分钟

5 分钟

2 人份

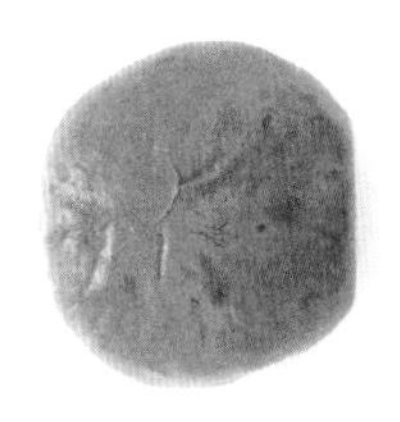
大圆面包 2 个

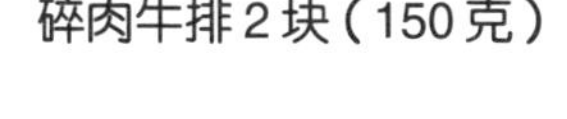
碎肉牛排 2 块（150 克）

日式照烧酱 3 汤匙

蛋黄酱 2 汤匙

卷心菜 175 克

青辣椒 1 个

○ 把烤箱预热至 180℃。将卷心菜切成丝，青辣椒切成圆环状，接着在上面淋上蛋黄酱，搅拌混合均匀，并撒上适量的盐和胡椒调味。

○ 调整碎肉牛排的形状和大小，使之适应大圆面包的切面尺寸，然后在碎肉牛排上撒上少许盐和胡椒。将大圆面包横向切成两半，并把切好的大圆面包放到烤箱里烘烤 5 分钟。

○ 往锅里倒入少许油烧热，开大火将碎肉牛排的一面煎 2 分钟，接着翻面再煎一分半钟，随后倒入日式照烧酱，并继续煎 30 秒。

○ 在大圆面包的一面放上煎好的照烧牛排，加入拌好的蔬菜，最后盖上顶层的面包即可。

日式照烧鸡肉汉堡

15 分钟

5 分钟

2 人份

大圆面包 2 个

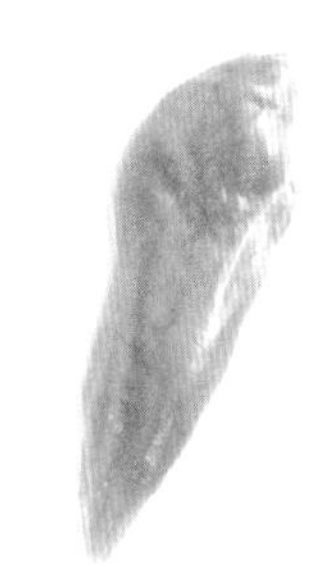

鸡肉 2 片（150 克）

韭葱 3 根

生姜 15 克

日式照烧酱 3 汤匙

卷心菜沙拉 150 克

○ 把烤箱预热至 180℃。将鸡肉、韭葱切细、剁碎，并把鸡肉和剁碎的韭葱以及擦好的姜丝混合在一起，再在上面撒上适量的盐和胡椒。把碎鸡肉放到两手间反复挤压，塑造成鸡排的形状。

○ 把大圆面包横向切成两半，然后把切好的面包放入烤箱里烘烤 5 分钟。平底锅里倒入少许油烧热，用中火煎制鸡排，每一面煎 3~4 分钟。在鸡排出锅的前 1 分钟，倒入照烧酱。

○ 在面包的一面放上煎好的照烧鸡排，并加入适量的卷心菜沙拉，最后盖上顶层的面包即可。

世界之旅篇

日式炸猪排汉堡

15 分钟

8 分钟

2 人份

大圆面包 2 个

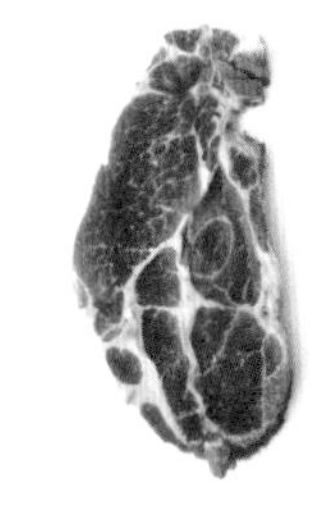

猪排肉 2 块（130 克）

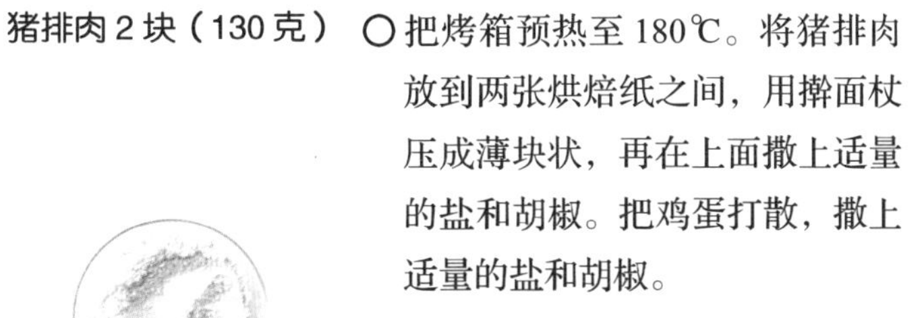

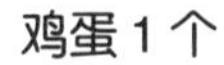

鸡蛋 1 个

面粉 30 克

面包糠 50 克

烧烤酱 4 汤匙

○ 把烤箱预热至 180℃。将猪排肉放到两张烘焙纸之间，用擀面杖压成薄块状，再在上面撒上适量的盐和胡椒。把鸡蛋打散，撒上适量的盐和胡椒。

○ 将猪排肉的表面拍上面粉，然后浸到蛋液里，接着再裹上一层面包糠。

○ 平底锅里倒入食用油烧热，用中火炸猪排，每一面炸 3~4 分钟。把大圆面包横向切成两半，然后把切好的面包放入烤箱里烘烤 5 分钟。

○ 在面包内里均匀地抹上烧烤酱，然后放上炸好的猪排，最后盖上顶层的面包即可。

墨西哥风味汉堡

15 分钟

18 分钟

2 人份

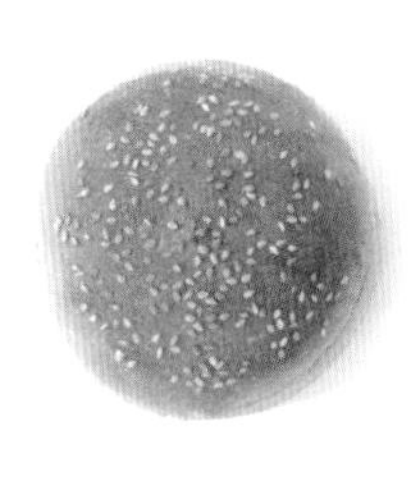

大圆面包 2 个

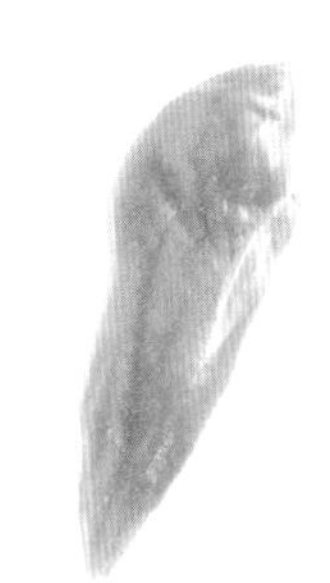
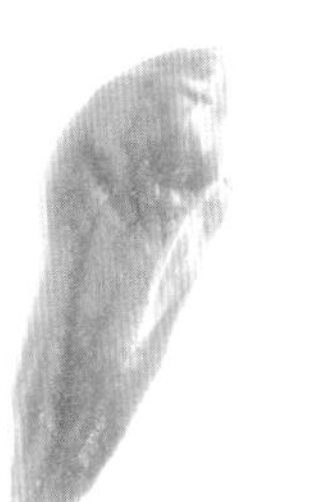

鸡肉 2 片（150 克）

洋葱半个

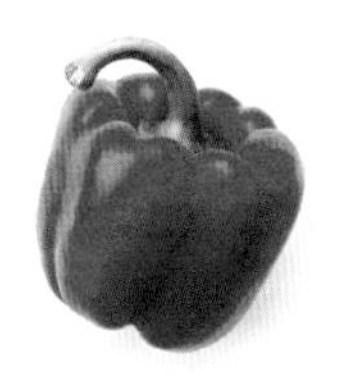

甜椒半个

墨西哥烤肉卷专用香料 2 茶匙

墨西哥牛油果酱 200 克

○ 把烤箱预热至 180℃。将鸡肉剁碎，撒上适量的盐和胡椒以及 1 茶匙墨西哥烤肉卷专用香料。把碎鸡肉塑造成鸡排的形状。

○ 洋葱切丝，甜椒切成丁，把洋葱丝放到油锅里用中火来回翻炒，炒至洋葱丝变色时，加入甜椒丁，并撒上盐、胡椒和剩余的墨西哥烤肉卷专用香料，然后继续炒 1 分钟。

○ 把大圆面包横向切成两半，放入烤箱里烘烤 5 分钟。平底锅里倒入少许油烧热，用中火煎制鸡排，每一面煎 3~4 分钟。

○ 在面包内里均匀地抹上墨西哥牛油果酱，放上煎好的鸡排，并加入炒好的蔬菜，最后盖上顶层的面包即可。

鸡肉杧果菠萝汉堡

15 分钟

14 分钟

2 人份

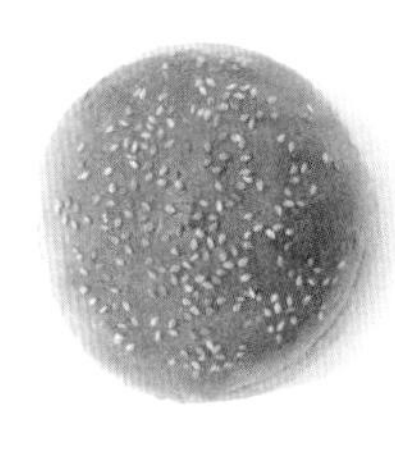
大圆面包 2 个

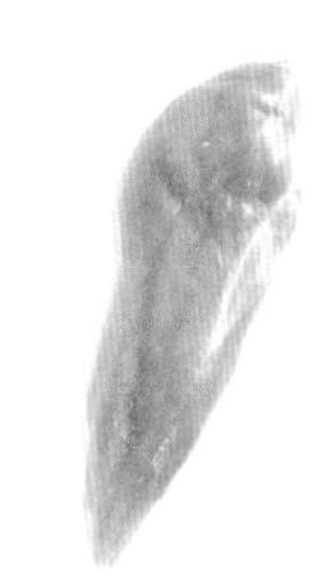

鸡肉 2 片（150 克）

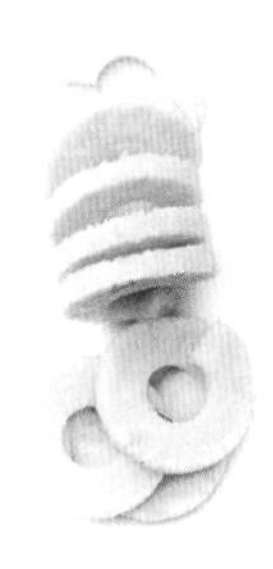
菠萝 2 片

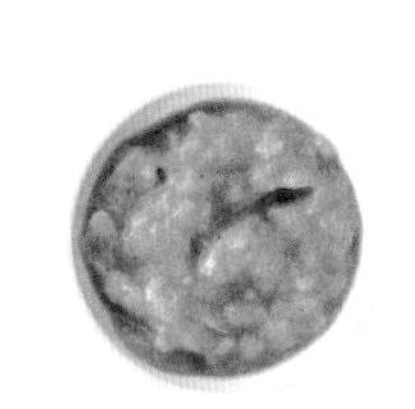
印式香辣杧果酱 2 汤匙

香菜少许

成熟的牛油果 1 个

○ 把烤箱预热至 180℃。将鸡肉切细、剁碎，在上面撒上适量的盐和胡椒，并加入香菜末。把碎鸡肉塑造成鸡排的形状。

○ 锅里倒入少量食用油，将菠萝片下锅，煎至两面都呈焦黄色时，起锅备用。再往平底锅里倒入适量油，用中火煎制鸡排，每一面煎 3~4 分钟。把大圆面包横向切成两半，放入烤箱里烘烤 5 分钟。

○ 在面包内里均匀地抹上印式香辣杧果酱，放上煎好的鸡排和菠萝片，最后加入几片牛油果，并盖上顶层的面包即可。

地中海风情汉堡

 15 分钟

 6 分钟

 2 人份

大圆面包 2 个

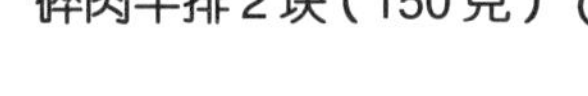

碎肉牛排 2 块（150 克）

孜然粉 2 茶匙

洋葱半个

香菜少许

希腊茄鲞 125 克

- 把烤箱预热至 180℃。将香菜切成末，洋葱剁碎，然后把二者混合在一起，并揉到碎牛肉里，加入适量的盐、胡椒和孜然粉，接着把碎牛肉放到两手间反复挤压，重新塑造成牛排的形状。
- 平底锅里倒入少许油烧热，牛排下锅，每一面煎 2~3 分钟。
- 把大圆面包横向切成两半，然后放入烤箱里烘烤 5 分钟。
- 在面包内里铺上一层希腊茄鲞，放上煎好的牛排，最后加入剩余的香菜，并盖上顶层的面包即可。

番茄奶酪青酱汉堡

 10 分钟

 10 分钟

 2 人份

夏巴塔小面包 2 个

碎肉牛排 2 块（150 克）

马苏里拉奶酪 125 克

油渍番茄 6 个

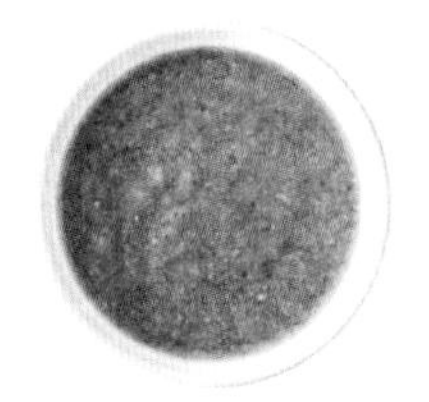

意大利青酱 2 汤匙

芝麻菜 60 克

- 把烤箱预热至 180℃。将油渍番茄切成条状，马苏里拉奶酪切成相等的两段。根据需要调整碎肉牛排的形状，并在上面撒上盐和胡椒。把夏巴塔小面包横向切成两半,然后放入烤箱里烘烤 5 分钟。

- 平底锅里倒入少许油烧热，开大火煎牛排，每一面煎 1~2 分钟。接着在每块牛排上放一段马苏里拉奶酪，然后放进烤箱里烘烤 2~3 分钟。烘烤结束时，奶酪应达到微微融化的状态。

- 在面包内里均匀地抹上意大利青酱，然后放上铺有奶酪的牛排和油渍番茄条，最后加入适量芝麻菜，并盖上顶层的面包即可。

世界之旅篇

鸡肉番茄汉堡

15 分钟

10 分钟

2 人份

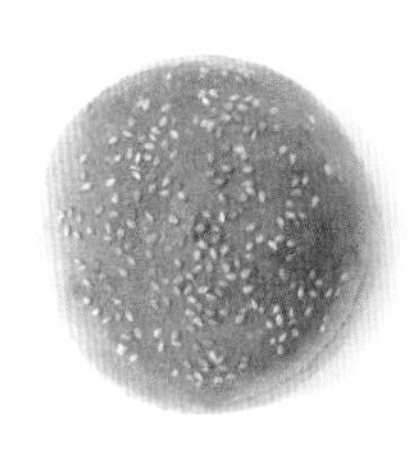
大圆面包 2 个

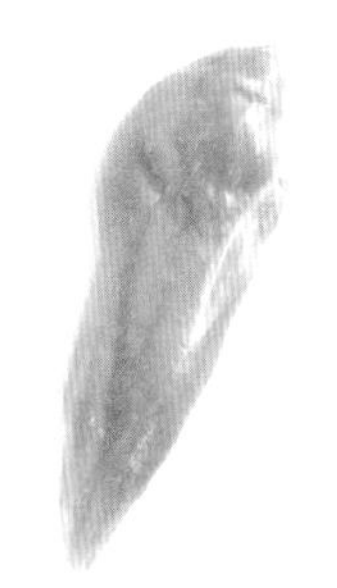
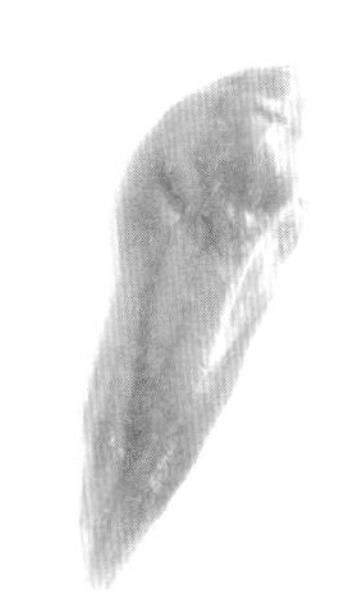
鸡肉 2 片（150 克）

罗卡马杜尔奶酪 2 块

油渍番茄 6 个

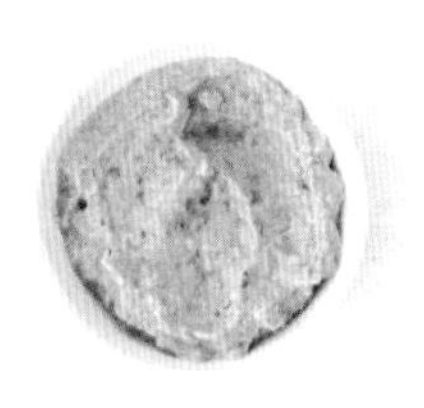
地中海茄蓥 125 克

欧式什锦生菜菜叶 60 克

○ 把烤箱预热至 180℃。将油渍番茄切成条状。将鸡肉切细、剁碎，在上面撒上盐和胡椒，并把碎鸡肉放到两手间反复挤压，塑造成鸡排的形状。

○ 把大圆面包横向切成两半，然后把切好的面包放入烤箱里烘烤 3 分钟。

○ 平底锅里加入少许油烧热，用中火煎制鸡排，每一面煎 3~4 分钟。

○ 在面包内里均匀地抹上一层地中海茄蓥，放上煎好的鸡排和一块罗卡马杜尔奶酪，接着把汉堡放到烤箱里烘烤 2~3 分钟。最后加入油渍番茄条和适量的欧式什锦生菜菜叶，并盖上顶层的面包即可。

鸡肉薄荷奶酪汉堡

15 分钟

10 分钟

2 人份

大圆面包 2 个

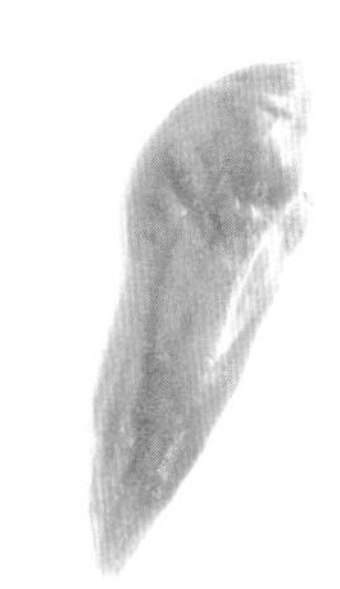

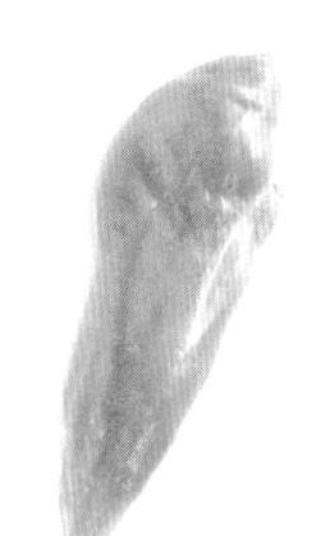

鸡肉 2 片（150 克）

菲达奶酪 75 克

番茄 2 个

薄荷 4 枝

酸奶黄瓜酱 125 克

○ 把烤箱预热至 180℃。将番茄和菲达奶酪都切成薄片。将鸡肉切细、剁碎，在上面撒上盐和胡椒，并把碎鸡肉放到两手间反复挤压，塑造成鸡排的形状。

○ 把大圆面包横向切成两半，然后把切好的面包放入烤箱里烘烤 5 分钟。

○ 平底锅里加入少许油烧热，用中火煎制鸡排，每一面煎 3~4 分钟。

○ 在面包内里均匀地抹上酸奶黄瓜酱，然后依次放上煎好的鸡排、番茄片和菲达奶酪片，最后加入适量的薄荷叶，并盖上顶层的面包即可。

培根煎蛋焗豆汉堡

20 分钟

20 分钟

2 人份

英式玛芬面包 2 个

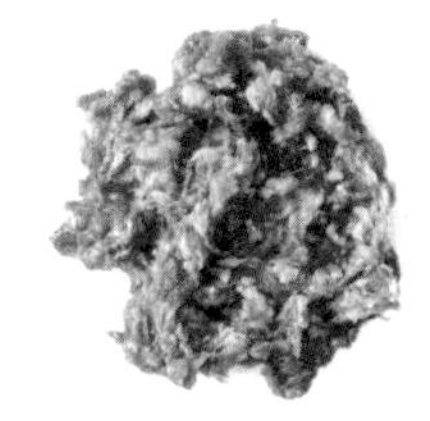
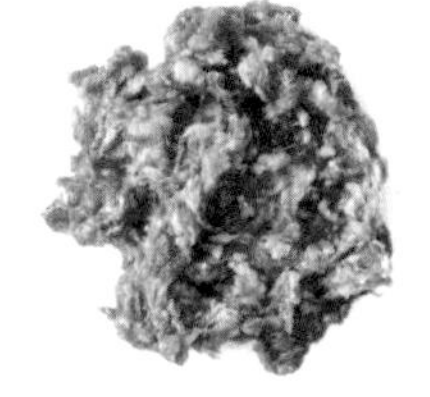

用于灌肠的猪肉糜 250 克

白色切达奶酪 2 片

鸡蛋 2 个

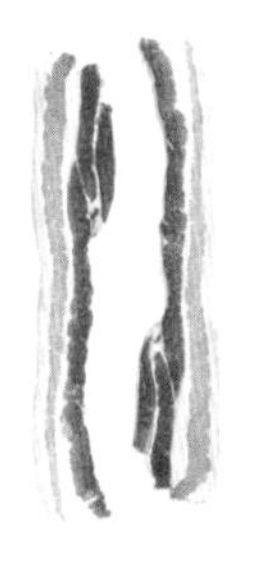

培根 6 片

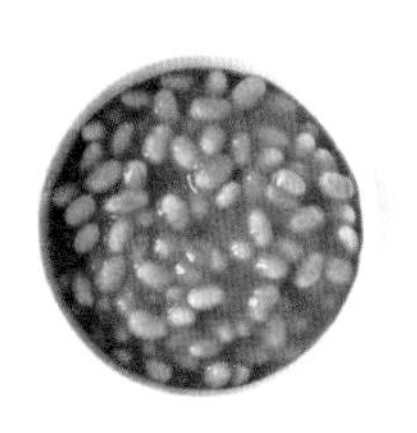

茄汁焗豆罐头半罐

○ 把用于灌肠的猪肉糜用手塑造成猪排的形状。把培根放到预热至 180℃的烤箱里烘烤 12 分钟。

○ 往平底锅里倒入少许油烧热，用中火煎猪排，每一面煎 2~3 分钟。再在另一个平底锅里把两个鸡蛋煎好。用微波炉对茄汁焗豆进行加热。

○ 把英式玛芬面包横向切成两半，放进烤箱里烘烤 3 分钟。在面包的一面铺上 1 片切达奶酪，然后放入烤箱烘烤 1~2 分钟。

○ 把煎好的猪排、培根、煎蛋依次放到铺有白色切达奶酪的面包上，盖上顶层的面包，最后配上茄汁焗豆一起食用即可。

海陆大餐汉堡

 15 分钟

 8 分钟

 2 人份

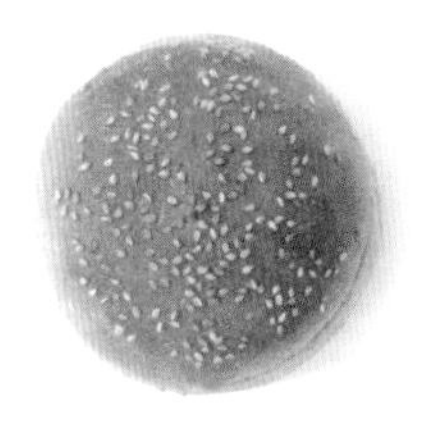

大圆面包 2 个

用于灌肠的猪肉糜 300 克

速冻虾 8 只

大蒜 1 瓣

蛋黄酱 4 汤匙

苜蓿芽少许

○ 把烤箱预热至 180℃。对速冻虾进行解冻、去壳、去虾线。往虾仁里加入适量的盐、胡椒和蒜末并混合均匀，然后放到冰箱里冷藏 15 分钟。

○ 把用于灌肠的猪肉糜放到两手间反复挤压，塑造成猪排的形状。平底锅里倒入少许油烧热，然后用中火煎猪排，每一面煎 3~4 分钟。

○ 把大圆面包横向切成两半，再把切好的面包放入烤箱里烘烤 5 分钟。平底锅里倒入少许油，然后把虾仁入锅煎 2 分钟。

○ 在面包内里均匀地抹上蛋黄酱，然后依次放上煎好的猪排、虾仁，以及适量的苜蓿芽，最后盖上顶层的面包即可。

鲑鱼百吉饼汉堡

10 分钟

10 分钟

2 人份

百吉饼 2 个

鲑鱼肉 200 克（2 片）

卡夫菲力奶油奶酪
75 克

红洋葱 1/4 个

刺山柑花蕾 2 汤匙

芝麻菜 60 克

○ 把烤箱预热至 180℃。

○ 把鲑鱼肉放到一只汤锅里，加凉水直至没过鲑鱼肉，撒上足量的盐和胡椒，并开火将水煮沸。待锅里的水开始沸腾时，立即关火，让鲑鱼肉在水里自然冷却。接下来，将鲑鱼肉捞出，放到吸水性良好的纸上沥干，然后把鱼皮和鱼骨去掉。

○ 把红洋葱切成薄圈，百吉饼横向切成两半，然后把切好的百吉饼放进烤箱里烘烤 5~7 分钟。

○ 在百吉饼的内里均匀地抹上卡夫菲力奶油奶酪，然后依次放上鲑鱼肉、洋葱圈，并加入适量的刺山柑花蕾和芝麻菜，最后盖上顶层的百吉饼即可。

鲑鱼莳萝汉堡

 10 分钟

 10 分钟

 2 人份

瓜子仁小面包 2 个

鲑鱼肉 2 块（125 克）

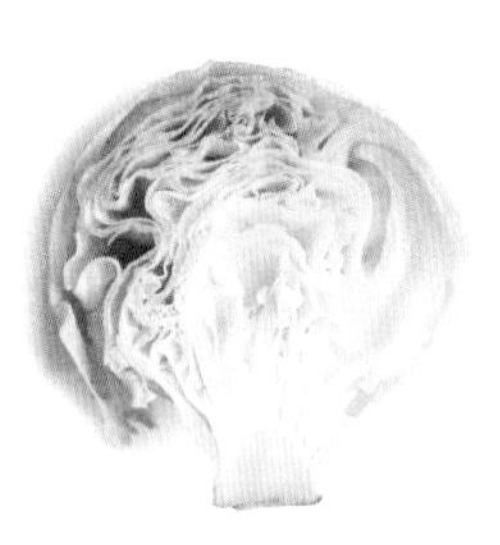
西生菜菜心 60 克

酸奶黄瓜酱 125 克

莳萝 4 株

柠檬半个

○ 把鲑鱼肉放到一只汤锅里，加凉水直至没过鲑鱼肉，撒上足量的盐和胡椒，并加入柠檬汁，然后开火将水煮沸。待锅里的水开始沸腾时，立即关火，让鲑鱼肉在水里自然冷却。将鲑鱼肉捞出，放到吸水性良好的纸上沥干，然后把鱼皮去掉。

○ 把烤箱预热至 180℃。将瓜子仁小面包横向切成两半，然后把切好的面包放进烤箱里烘烤 5 分钟。

○ 在面包内里均匀地抹上酸奶黄瓜酱，然后放上鲑鱼肉，并加入适量的莳萝和西生菜菜心，最后盖上顶层的面包即可。

鲑鱼牛油果汉堡

10 分钟

3 分钟

2 人份

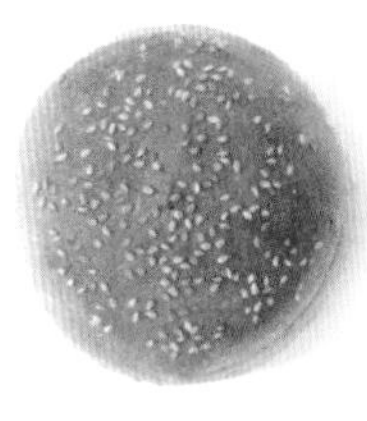

大圆面包 2 个

鲑鱼肉 2 块（150 克）

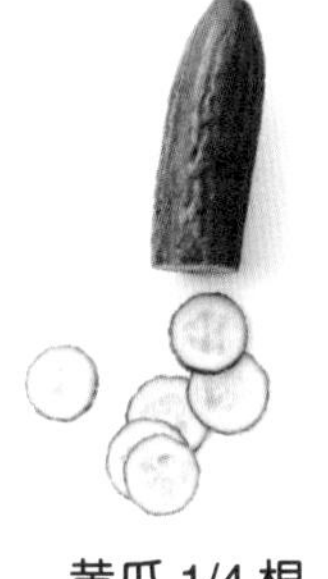

黄瓜 1/4 根

牛油果 1 个

甜酱油 3 汤匙

蛋黄酱 4 汤匙

○ 把烤箱预热至 180℃。把鲑鱼肉放到甜酱油里浸渍 10 分钟。将黄瓜切成薄片，牛油果去核切成条状薄片。接着把大圆面包横向切成两半，并把切好的面包放进烤箱里烘烤 5 分钟。

○ 开火将平底锅烧热，用中火煎鲑鱼肉，每一面煎大约一分半钟。煎好后让鲑鱼肉在锅里稍稍冷却。

○ 在面包内里均匀地抹上蛋黄酱，然后依次放上牛油果片、黄瓜片和煎好的鲑鱼肉，最后盖上顶层的面包即可。

○ 可以根据个人口味，往蛋黄酱里加入一点山葵酱。

炸鱼薯片汉堡

 20 分钟

 5 分钟

 2 人份

椭圆形面包 2 个

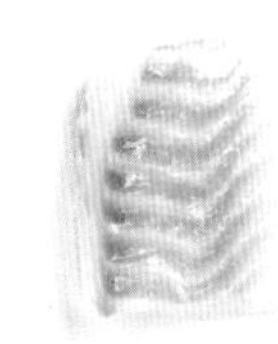

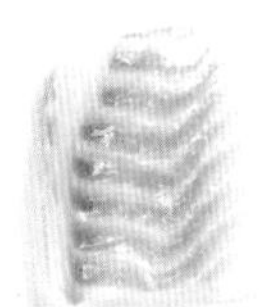

新鲜鳕鱼肉
2 片（150 克）

掺有酵母粉的面粉
100 克

蛋清液 1 份

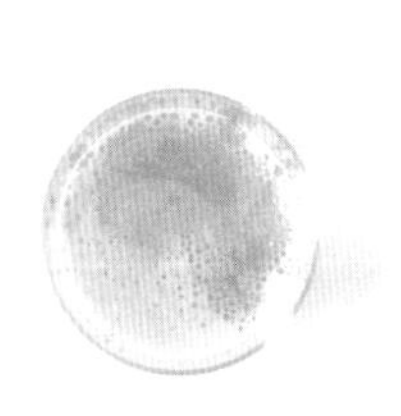

啤酒 120 毫升

醋盐味薯片 100 克

○ 把烤箱预热至 180℃。将 250 毫升食用油烧热。

○ 往新鲜鳕鱼肉上撒上盐和胡椒。将掺有酵母粉的面粉、蛋清液和啤酒混合在一起，搅拌均匀，并撒上适量的盐和胡椒。接着让鳕鱼肉充分蘸取混合好的裹料，并放到油锅里炸 5 分钟。

○ 把椭圆形面包横向切成两半，并把切好的面包放进烤箱里烘烤 5 分钟。在面包的一面放上炸好的鳕鱼肉，并撒上一把醋盐味薯片，最后盖上顶层的面包即可。

○ 可以根据个人口味，在面包内里抹上一层蒜泥蛋黄酱。

炸鱼排塔塔酱汉堡

10 分钟

15 分钟

2 人份

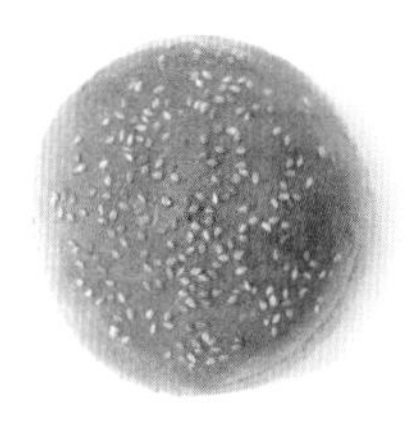

大圆面包 2 个

冷冻炸鱼排 4 块

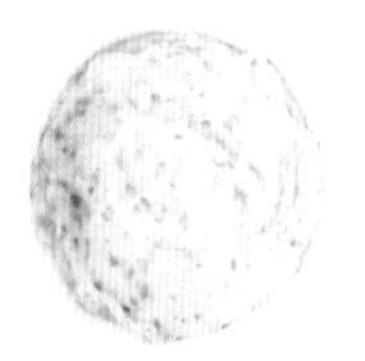

塔塔酱 5 汤匙

刺山柑花蕾半汤匙

小黄瓜 3 根

罗莎绿生菜菜叶 4 片

○ 把刺山柑花蕾和小黄瓜切碎，并把它们加入到塔塔酱里，混合均匀。把大圆面包横向切成两半。按照包装上的指示，用烤箱对冷冻炸鱼排进行加热，并在加热结束前 5 分钟，把切好的面包放到烤箱里一同烘烤。

○ 在面包内里均匀地抹上塔塔酱，然后铺上炸鱼排，并加入适量的罗莎绿生菜菜叶，最后盖上顶层的面包即可。

○ 可以根据个人喜好，用蛋黄酱来代替塔塔酱。

鳕鱼烤甜椒汉堡

10 分钟

6 分钟

2 人份

大圆面包 2 个

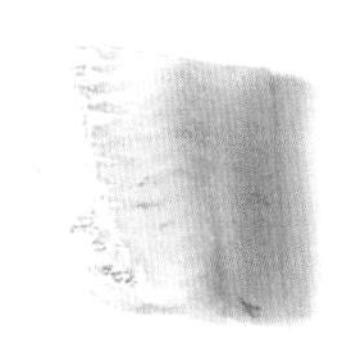
脱去盐分的咸干鳕鱼 2 块（150 克）

面粉 30 克

蒜泥蛋黄酱 4 汤匙

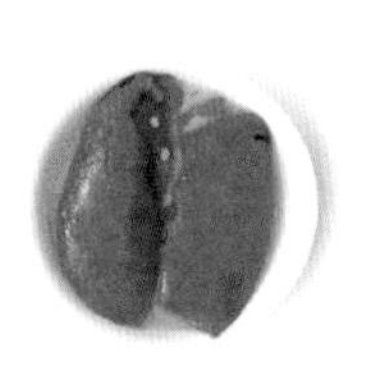
西班牙油渍烤甜椒 6 个

罗勒 4 枝

○ 把烤箱预热至 180℃。将西班牙油渍烤甜椒切开，去子，并用厨房纸巾把表面的油吸干。把大圆面包横向切成两半。

○ 平底锅里倒入少许油烧热。

○ 在脱去盐分的咸干鳕鱼块上撒上胡椒，裹上面粉，用手轻拍鱼块，去掉多余的面粉。把鱼块放到油锅里炸制，每一面炸 2~3 分钟。炸好后，把鱼块放在厨房纸巾上吸掉多余油脂。把切好的面包放进烤箱里烘烤 5 分钟。

○ 在面包内里均匀地抹上蒜泥蛋黄酱，放上炸鳕鱼块，并在上面铺上一层烤甜椒，最后加入适量的罗勒叶，并盖上顶层的面包即可。

金枪鱼蛋黄酱汉堡

15 分钟

3 分钟

2 人份

瓜子仁小面包 2 个

金枪鱼罐头 150 克

韭葱 2 根（带葱白）

蛋黄酱 4 汤匙

番茄 2 个

鸡蛋 1 个

○ 把烤箱预热至 180℃。把韭葱叶连同葱白一起切碎。把金枪鱼肉放到手里反复挤压，沥去其中的水分。接着把金枪鱼肉、葱末、鸡蛋液混合到一起，撒上适量的盐和胡椒，搅拌均匀，放到一旁备用。把番茄切成薄薄的圆片，瓜子仁小面包横向切成两半，然后把切好的面包放进烤箱里烘烤 5 分钟。

○ 把混合均匀的金枪鱼肉泥制成鱼排。接着把鱼排放到油锅里煎至金黄，每一面煎 1~2 分钟。

○ 在面包内里均匀地抹上蛋黄酱，铺上一层番茄片，再放上煎好的鱼排，最后盖上顶层的面包即可。

虾仁鱼子酱汉堡

20 分钟

5 分钟

2 人份

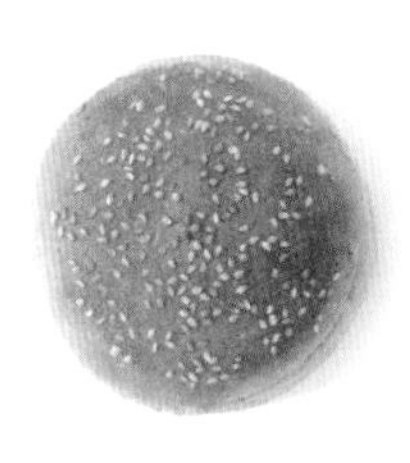
大圆面包 2 个

速冻虾 250 克

韭葱 2 根

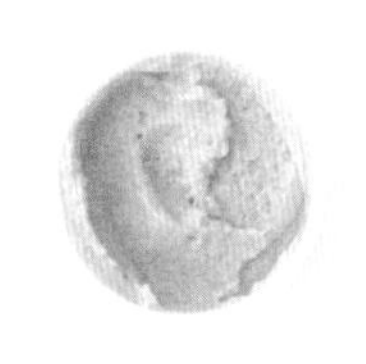
希腊红鱼子酱 4 汤匙

黄瓜 1/4 根

苜蓿芽少许

- 把烤箱预热至 180℃。将黄瓜切成薄薄的圆片。
- 对速冻虾进行解冻、去壳，把韭葱切成数段，然后把虾仁和葱段放到搅拌机里打成泥，得到的虾泥应具有黏稠的质地。撒上适量的盐和胡椒，然后用手将虾泥塑造成虾排。
- 将大圆面包横向切成两半，然后把切好的面包放进烤箱里烘烤 5 分钟。接着把虾排放到油锅里煎至金黄，每一面煎 1~2 分钟。
- 在面包内里均匀地抹上希腊红鱼子酱，然后依次放上虾排、黄瓜片，最后加入适量的苜蓿芽，并盖上顶层的面包即可。

炸墨鱼圈蛋黄酱汉堡

 5 分钟

 15 分钟

 2 人份

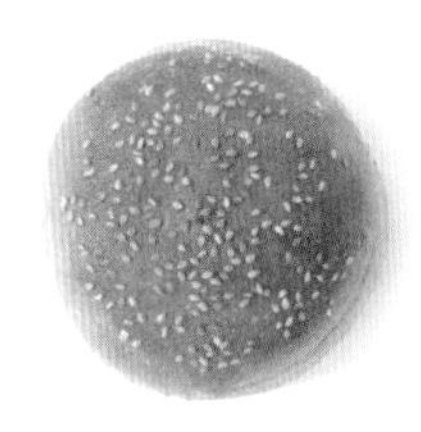

大圆面包 2 个

速冻炸墨鱼圈 12 个

蒜泥蛋黄酱 5 汤匙

平叶欧芹 2 枝

刺山柑花蕾 1 汤匙

罗莎绿生菜菜叶 2 片

○ 把刺山柑花蕾和平叶欧芹切碎，将它们放入蒜泥蛋黄酱里，混合均匀。把大圆面包横向切成两半。

○ 按照包装上的指示，用烤箱对速冻炸墨鱼圈进行加热，并在加热结束前 5 分钟，把切好的面包放到烤箱里一同烘烤。

○ 在面包内里均匀地抹上混合好的酱料，然后铺上一层罗莎绿生菜菜叶，并将 6 个炸墨鱼圈分两层叠放到生菜叶上，最后盖上顶层的面包即可。

鳕鱼红肠汉堡

 10 分钟

 15 分钟

 2 人份

椭圆形面包 2 个

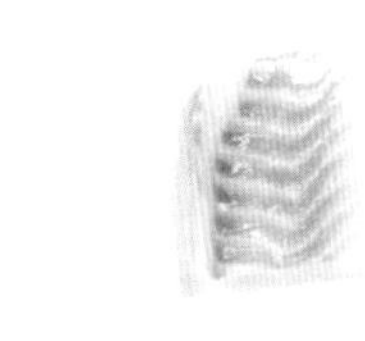

鳕鱼脊背肉
2 块（150 克）

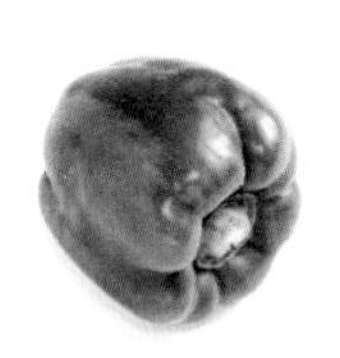

甜椒 1 个

洋葱 1 个

西班牙辣味红肠 12 片

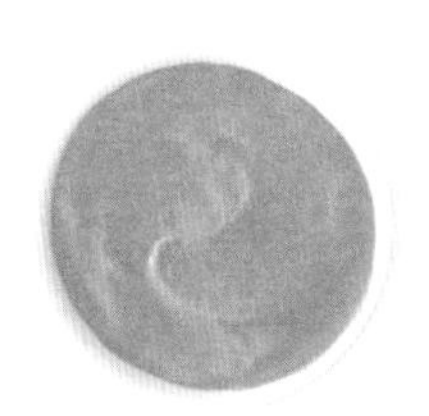

汉堡酱 4 汤匙

○ 把烤箱预热至 180℃。将洋葱和甜椒切丝。平底锅里倒入少许油烧热，加入西班牙辣味红肠翻炒后，出锅备用。把洋葱丝倒入同一只平底锅里，开中火来回翻炒，炒至洋葱丝变色时，加入甜椒丝，继续炒 1 分钟。把椭圆形面包横向切成两半，放进烤箱里烘烤 5 分钟。

○ 往鳕鱼脊背肉块上撒上适量的盐和胡椒，放入烧热的油锅里，每一面煎 1~2 分钟。

○ 在面包内里均匀地抹上汉堡酱，铺上一层炒好的洋葱丝和甜椒丝，再放上鳕鱼脊背肉块、西班牙辣味红肠，最后盖上顶层的面包即可。

烤蔬菜青酱汉堡

10 分钟

15 分钟

2 人份

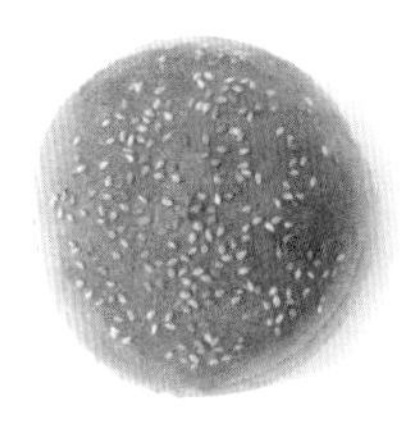

大圆面包 2 个

速冻烤蔬菜 300 克

洋葱半个

罗卡马杜尔奶酪 2 块

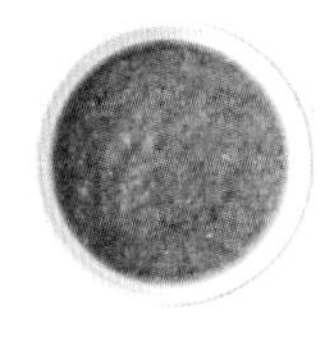

意大利青酱 2 汤匙

○ 把烤箱预热至 180℃。对速冻烤蔬菜进行解冻。把洋葱切成细丝。

○ 平底锅里倒入少许油烧热，洋葱丝下锅，开中火来回翻炒，炒至洋葱丝变色时，加入解冻的烤蔬菜，以达到加热的效果。把锅从火上移开，加入意大利青酱，并撒上适量的盐和胡椒调味。

○ 把大圆面包横向切成两半，并把切好的面包放进烤箱里烘烤 3 分钟。

○ 在面包的一面铺上炒好的蔬菜，然后放上罗卡马杜尔奶酪，盖上顶层的面包，最后将汉堡放进烤箱里烘烤 2 分钟即可。

茄子番茄奶酪汉堡

15 分钟

50 分钟

2 人份

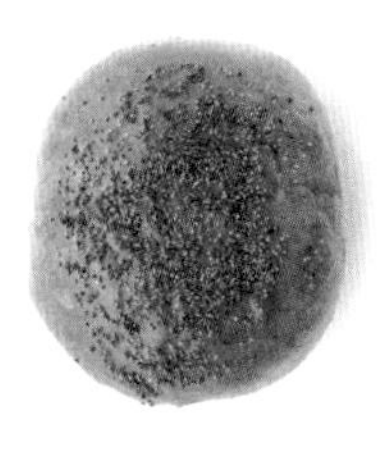
大圆面包 2 个

大茄子 1 个

洋葱 1 个

马苏里拉奶酪 100 克

浓缩番茄浆 150 克

罗勒若干

○ 把大茄子切成圆片，撒上盐腌 15 分钟左右，将沥出的水分倒掉。把烤箱预热至 220℃。在茄子片表面刷上食用油，放进烤箱里烘烤 30~35 分钟，不时翻面。

○ 把洋葱剁碎，下锅翻炒至变软，倒入浓缩番茄浆，撒上盐和胡椒，继续用小火煨 15 分钟。

○ 把烤箱的温度调至 180℃。将大圆面包横向切成两半，放进烤箱里烘烤 3 分钟。

○ 在面包内里均匀地抹上洋葱番茄浆，铺上烤好的茄子片，并放上几块马苏里拉奶酪，然后放进烤箱里烘烤 2~3 分钟。最后加入适量的罗勒叶,并盖上顶层的面包即可。

蘑菇菠菜汉堡

 15 分钟

 15 分钟

 2 人份

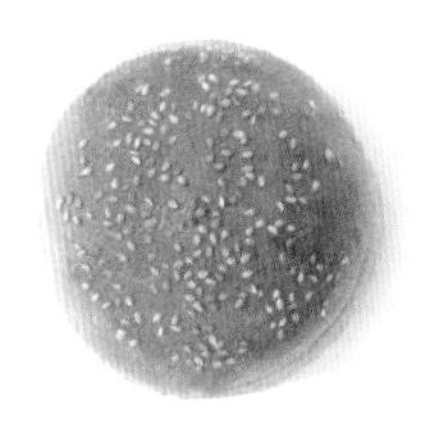

大圆面包 2 个

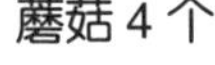
蘑菇 4 个

香芹黄油酱 40 克

马苏里拉奶酪 100 克

菠菜嫩叶 150 克

○ 把烤箱预热至 180℃。将马苏里拉奶酪切成两片。

○ 平底锅热油，将蘑菇切片并下锅翻炒 5 分钟，炒至变色时，加入 20 克香芹黄油酱，撒上适量的盐和胡椒，搅拌均匀，出锅备用。

○ 在同一只平底锅里倒入少许油，将菠菜嫩叶下锅翻炒 1~2 分钟，然后加入剩下的香芹黄油酱，并撒上盐和胡椒，搅拌均匀。把大圆面包横向切成两半，放进烤箱里烘烤 3 分钟。

○ 在面包的一面铺上炒好的蘑菇片，放上马苏里拉奶酪，然后放进烤箱里烘烤 2~3 分钟，最后加入适量的炒菠菜嫩叶，并盖上顶层的面包即可。

素食篇

甜菜根鹰嘴豆泥汉堡

10 分钟

5 分钟

2 人份

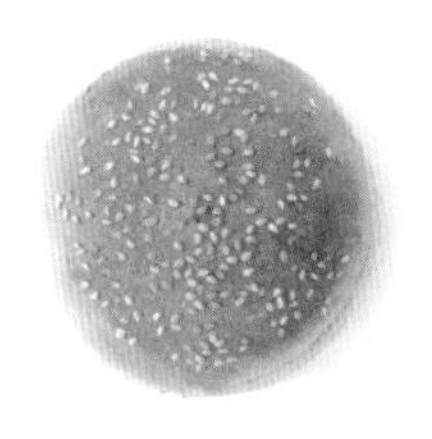
大圆面包 2 个

煮熟的甜菜根 1 个

孔泰奶酪 80 克

番茄 2 个

鹰嘴豆泥 100 克

欧式什锦生菜叶 60 克

○ 把烤箱预热至 180℃。将大圆面包横向切成两半，番茄切成圆片，将煮熟的甜菜根切成 2 片。接着把孔泰奶酪擦成丝。

○ 把切好的面包放进烤箱里烘烤 5 分钟。

○ 在面包内里均匀地抹上一层鹰嘴豆泥，放上一片甜菜根片，并加入适量的番茄片、孔泰奶酪丝和欧式什锦生菜叶，最后盖上顶层的面包即可。

素食篇

番茄芝麻菜奶酪汉堡

5 分钟

5 分钟

2 人份

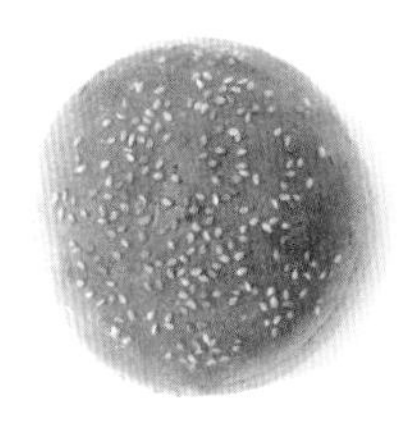

大圆面包 2 个

马苏里拉奶酪 125 克

番茄 2 个

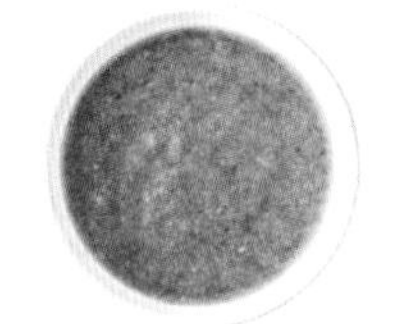

意大利青酱 2 汤匙

芝麻菜 75 克

- 把烤箱预热至 180℃。将大圆面包横向切成两半，番茄切成圆片，再从马苏里拉奶酪上切下厚厚的 2 片。
- 把切好的面包放进烤箱里烘烤 5 分钟。
- 在面包内里均匀地抹上意大利青酱，放上一片马苏里拉奶酪，然后放进烤箱里烘烤 1~2 分钟。最后加入适量的番茄片和芝麻菜，并盖上顶层的面包即可。
- 可以根据个人口味，用巴萨米克醋来对芝麻菜进行调味。

素食篇

鹰嘴豆酸奶黄瓜酱汉堡

15 分钟

15 分钟

2 人份

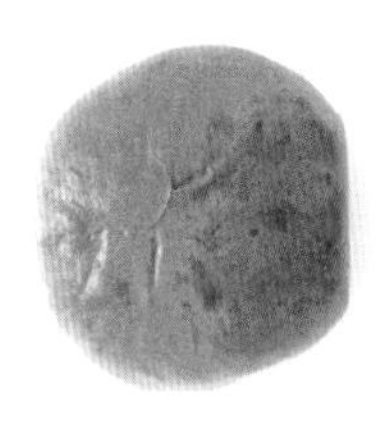
大圆面包 2 个

煮熟的鹰嘴豆 300 克

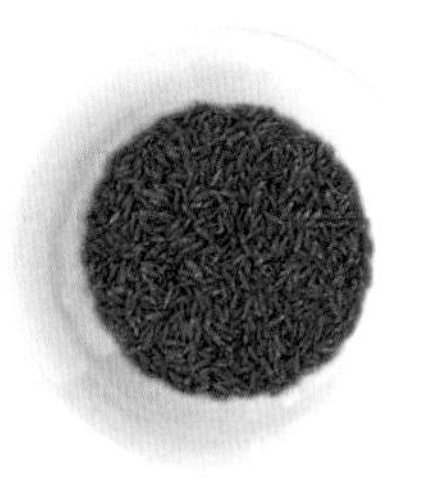
孜然 2 茶匙

番茄 2 个

韭葱一根半

酸奶黄瓜酱 125 克

○ 把烤箱预热至 190℃。将煮熟的鹰嘴豆的水分沥干，然后把鹰嘴豆与孜然、盐、胡椒混合到一起，用搅拌机打碎。用手把鹰嘴豆泥揉捏成饼状，然后把豆饼放进烤箱里烘烤 10 分钟。

○ 把番茄切成丁，韭葱切成末，然后把它们混合在一起，并撒上适量的盐和胡椒。

○ 把大圆面包横向切成两半，放进烤箱里烘烤 5 分钟。

○ 在面包内里均匀地抹上酸奶黄瓜酱，放上鹰嘴豆饼，并加入适量的番茄沙拉，最后盖上顶层的面包即可。

白芸豆奶酪汉堡

 15 分钟

 10 分钟

 2 人份

大圆面包 2 个

煮熟的白芸豆 300 克

面包屑 2 汤匙

汉堡酱 4 汤匙

番茄 2 个

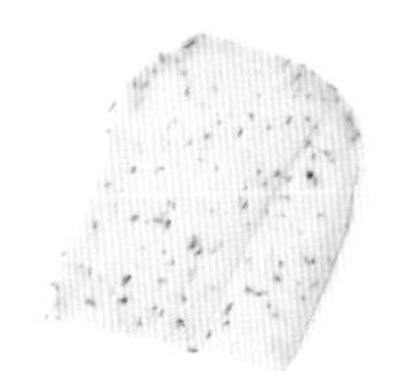

孜然风味的高达奶酪 80 克

○ 把煮熟的白芸豆的水分沥干，并用搅拌机打碎，然后撒上盐和胡椒，倒入面包屑。接着用手把白芸豆糊揉捏成饼状。

○ 把烤箱预热至 180℃。把大圆面包横向切成两半，番茄切成圆片，孜然风味的高达奶酪切成薄片。

○ 平底锅里倒入少许油烧热，将白芸豆饼下锅煎至金黄，每一面煎 1~2 分钟。把切好的面包放进烤箱里烘烤 5 分钟。接着把孜然风味的高达奶酪片铺到煎好的白芸豆饼上,并放到烤箱里烘烤 3 分钟。

○ 在面包内里均匀地抹上汉堡酱，然后放上番茄片和铺着奶酪的白芸豆饼，最后盖上顶层的面包即可。

素食篇

红薯红芸豆汉堡

 15 分钟

 1 小时

 2 人份

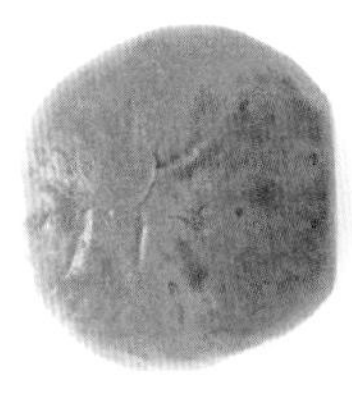

大圆面包 2 个

红薯 300 克

煮熟的红芸豆 125 克

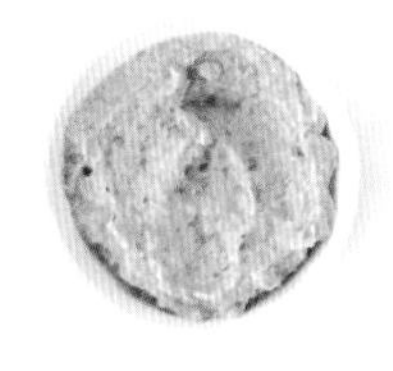

地中海茄鲞 4 汤匙

面包屑 2 汤匙

橡叶生菜菜叶 4 片

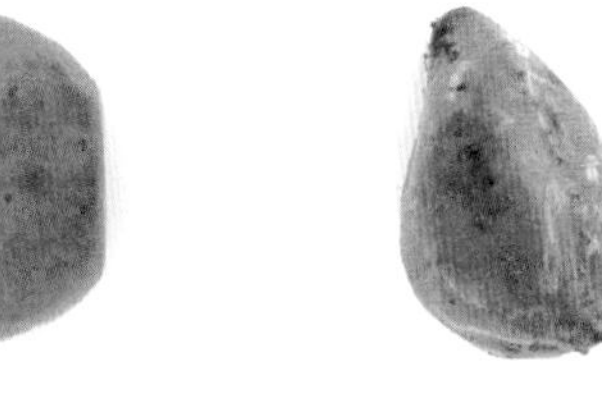

○ 把烤箱预热至 200℃。用锡箔纸把红薯包裹起来，并放到烤箱里烘烤 50 分钟。将烤好的红薯去皮，用叉子把红薯肉碾碎，并将其与沥干水分的熟红芸豆混合在一起，撒上面包屑、盐和胡椒，然后用手把混合物揉捏成饼状。往平底锅里倒入少许油烧热，将红薯饼下锅煎至金黄，每一面煎 2~3 分钟。

○ 把大圆面包横向切成两半，放进预热至 180℃的烤箱里烘烤 5 分钟。

○ 在面包内里均匀地抹上地中海茄鲞，然后放上煎好的红薯饼，并加入适量的橡叶生菜菜叶，最后盖上顶层的面包即可。

素食篇

酸辣泡菜芥末酱汉堡

 5 分钟

 15 分钟

 2 人份

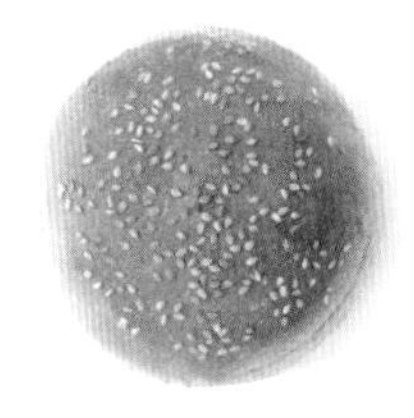

大圆面包 2 个

速冻蔬菜饼 4 块

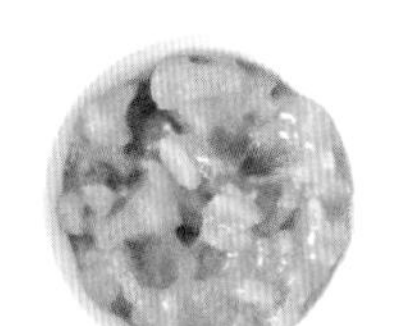

酸辣泡菜芥末酱 2 汤匙

白色切达奶酪 2 片

番茄 2 个

罗莎绿生菜菜叶 2 片

○ 把大圆面包横向切成两半，番茄切成圆片。

○ 根据包装上的指示，用烤箱对速冻蔬菜饼进行解冻。接着把切好的面包放进烤箱里烘烤 3 分钟。在面包的一面铺上白色切达奶酪片，然后放进烤箱里烘烤 2 分钟。

○ 在面包的另一面抹上酸辣泡菜芥末酱，放上蔬菜饼，并加入适量的番茄片和罗莎绿生菜菜叶，最后盖上顶层的面包即可。

素食篇

红扁豆牛油果酱汉堡

15 分钟

22 分钟

2 人份

瓜子仁小面包 2 个

印度红扁豆 75 克

胡萝卜 1 根

面包屑 2 汤匙

墨西哥牛油果酱 4 汤匙

香菜少许

○ 把印度红扁豆放到沸水中煮 12 分钟。将印度红扁豆的水分沥干后，用勺子的背面将其碾碎。把胡萝卜擦碎，并与红扁豆混合到一起，加入面包屑，撒上适量的盐和胡椒，然后把混合物揉捏成2块豆饼。

○ 把烤箱预热至 180℃。把瓜子仁小面包横向切成两半，然后把切好的面包放进烤箱里烘烤5分钟。

○ 平底锅里倒入少许油烧热，将豆饼下锅煎至金黄，每一面煎 3~4 分钟。

○ 在面包的一面放上一块豆饼，均匀地抹上墨西哥牛油果酱，并加入适量的香菜叶，最后盖上顶层的面包即可。

西葫芦煎蛋汉堡

15 分钟

10 分钟

2 人份

夏巴塔小面包 2 个

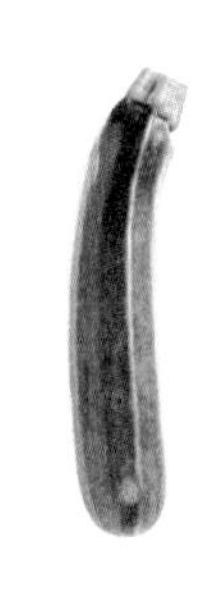
西葫芦 1 个

鸡蛋 3 个

菲达奶酪 75 克

薄荷叶少许

蒜泥蛋黄酱 4 汤匙

- 将西葫芦擦成丝，薄荷叶剁碎。把西葫芦丝放到微波炉里加热 1 分钟，沥干水分。把鸡蛋打散，加入西葫芦丝、薄荷碎和碾碎的菲达奶酪，并撒上适量的盐和胡椒。
- 平底锅里倒入少许油烧热，将上述混合物下锅，用中火煎 3 分钟左右，然后把西葫芦煎蛋饼用锅铲分成 4 份，并翻面继续煎 2~3 分钟。
- 把烤箱预热至 180℃。把夏巴塔小面包横向切成两半，放进烤箱里烘烤 5 分钟。
- 在面包内里均匀地抹上蒜泥蛋黄酱，加入西葫芦煎蛋饼，最后盖上顶层的面包即可。

素食篇

炸鹰嘴豆丸子汉堡

5 分钟

10 分钟

2 人份

椭圆形面包 2 个

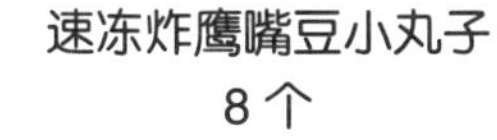
速冻炸鹰嘴豆小丸子 8 个

鹰嘴豆泥 125 克

番茄 2 个

黄瓜 1/4 根

红洋葱半个

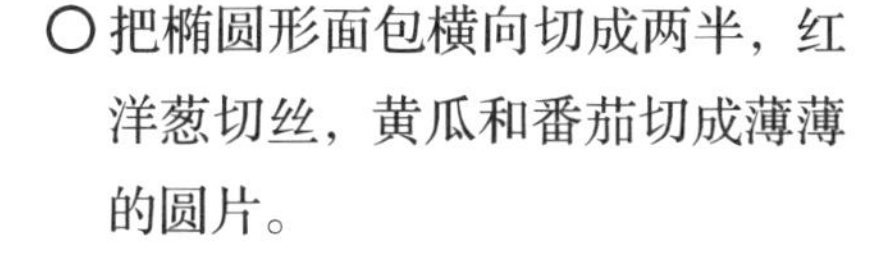
○ 把椭圆形面包横向切成两半，红洋葱切丝，黄瓜和番茄切成薄薄的圆片。

○ 根据包装上的指示，用烤箱对速冻炸鹰嘴豆小丸子进行加热，并在加热结束前 5 分钟，把切好的面包放进烤箱里一同烘烤。

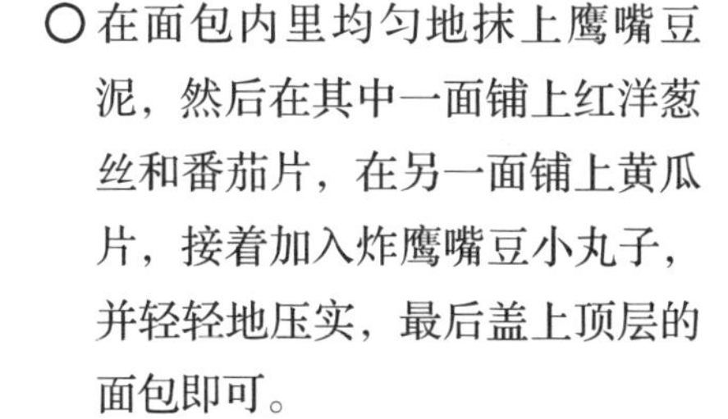
○ 在面包内里均匀地抹上鹰嘴豆泥，然后在其中一面铺上红洋葱丝和番茄片，在另一面铺上黄瓜片，接着加入炸鹰嘴豆小丸子，并轻轻地压实，最后盖上顶层的面包即可。

素食篇

土豆煎蛋饼汉堡

15 分钟

40 分钟

2 人份

大圆面包 2 个

鸡蛋 4 个

土豆 2 个

洋葱 1 个

蛋黄酱 4 汤匙

罗莎绿生菜菜叶 4 片

- 把土豆放进沸水里煮 30 分钟，然后切成薄薄的圆片。把鸡蛋打散，撒上盐和胡椒。
- 把切成丝的洋葱倒进平底锅里，用中火来回翻炒，然后加入土豆片，撒上适量的盐和胡椒，并继续炒至金黄色。加入少许食用油，并倒入打好的蛋液，用小火煎 5~8 分钟。翻面，继续煎 3~4 分钟。煎好后，用圆口的器皿在土豆煎蛋上割出圆形的蛋饼。
- 把烤箱预热至 180℃。把大圆面包横向切成两半，放进烤箱中加热。
- 在面包内里均匀地抹上蛋黄酱，放上蛋饼，然后加入适量的罗莎绿生菜菜叶，最后盖上顶层的面包即可。

素食篇

豆腐甜酱油汉堡

10 分钟

10 分钟

2 人份

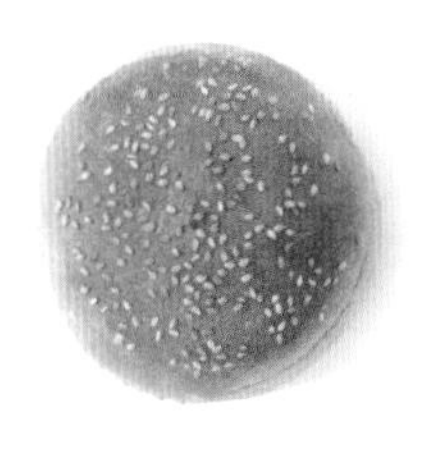

大圆面包 2 个

豆腐 125 克

胡萝卜 2 根

西葫芦 1 个

大蒜 2 瓣

甜酱油 3 汤匙

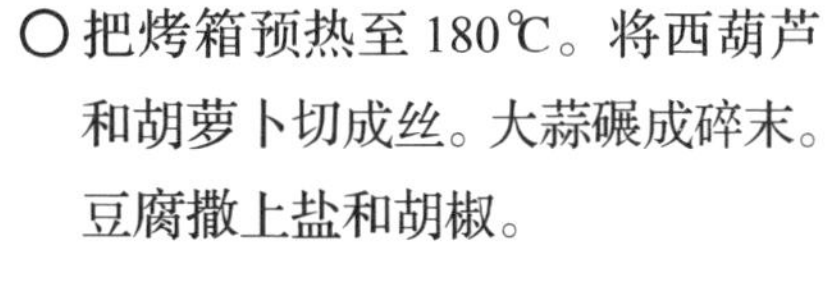

- 把烤箱预热至 180℃。将西葫芦和胡萝卜切成丝。大蒜碾成碎末。豆腐撒上盐和胡椒。

- 平底锅里倒入足量的食用油烧热，豆腐下锅煎至金黄，每一面煎 2~3 分钟，煎好后起锅备用。往同一只平底锅里再倒入少量食用油，加入蒜末和甜酱油，用大火将西葫芦丝和胡萝卜丝煎 2~3 分钟。

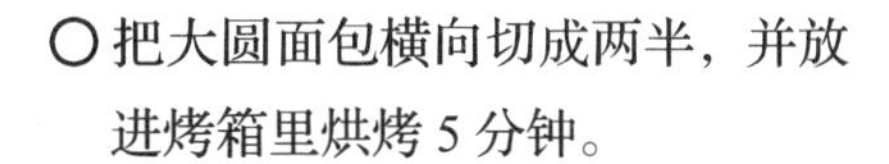

- 把大圆面包横向切成两半，并放进烤箱里烘烤 5 分钟。

- 在面包的一面铺上蔬菜丝，放上豆腐，最后盖上顶层的面包即可。

罗西尼汉堡

 15 分钟

 30 分钟

 2 人份

大圆面包 2 个

碎肉牛排 2 块（150 克）

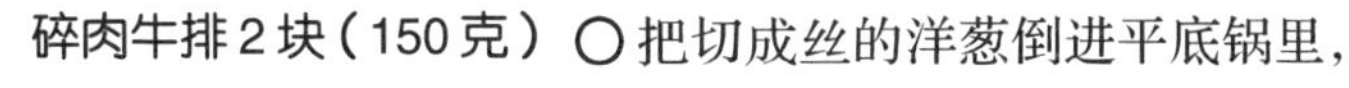

速冻的肥鹅肝切片
4 小片

洋葱 2 个

巴萨米克醋 2 汤匙

芝麻菜 60 克

○ 把切成丝的洋葱倒进平底锅里，用中火来回翻炒。炒至洋葱丝变色时，把火关小，撒上适量的盐和胡椒，并继续慢火烹煮20分钟，然后倒入巴萨米克醋，煮至锅里的水分被蒸干为止，起锅备用。

○ 把烤箱预热至 180℃。根据包装上的指示来烹调速冻的肥鹅肝切片，撒上盐和胡椒。在同一只平底锅里，开大火煎加过作料的碎肉牛排，每面煎 2 分钟。把大圆面包横向切成两半，然后把切好的面包放入烤箱里烘烤 5 分钟。

○ 在面包的一面铺上洋葱丝，放上碎肉牛排和肥鹅肝切片，最后加入适量的芝麻菜，并盖上顶层的面包即可。

鸭胸肉奶酪汉堡

 20 分钟

 10 分钟

2 人份

大圆面包 2 个

鸭胸肉 300 克

香芹黄油酱 50 克

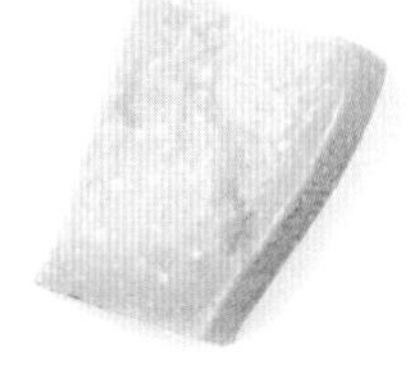
帕尔玛奶酪 50 克

野苣叶 60 克

○把鸭胸肉上的鸭皮去掉，用菜刀把鸭胸肉剁碎，加入盐和胡椒，以及 15 克被擦成屑的帕尔玛奶酪，混合均匀，然后把鸭肉馅儿揉捏成两块鸭排。接下来，把剩余的帕尔玛奶酪切成极细的薄片。

○把烤箱预热至 180℃。平底锅里倒入少许油烧热，开大火煎鸭排，每一面煎 2~3 分钟。

○把大圆面包横向切成两半，然后把切好的面包放进烤箱里烘烤 5 分钟。接着把香芹黄油酱放到微波炉里加热 20 秒。

○在面包内里均匀地抹上香芹黄油酱，放上鸭排和帕尔玛奶酪薄片，最后加入适量的野苣叶，并盖上顶层的面包即可。

鸭胸肉鹅肝汉堡

20 分钟

10 分钟

2 人份

大圆面包 2 个

鸭胸肉 300 克

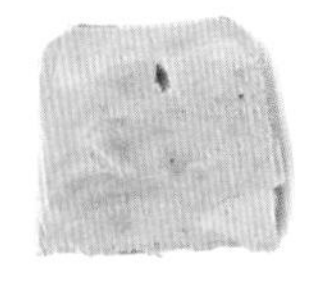

肥鹅肝切片 2 片（40 克）

巴黎蘑菇 8 个

菠菜嫩叶 125 克

鲜稠奶油 1 汤匙

○ 去掉鸭皮，将鸭胸肉剁碎，撒上适量的盐和胡椒，然后把鸭肉馅儿揉捏成两块鸭排。

○ 把巴黎蘑菇切成薄片。平底锅里倒入少许油烧热，巴黎蘑菇片下锅，开大火翻炒，倒入鲜稠奶油，继续烧煮，收汁。随后往锅里加入菠菜嫩叶，充分翻搅混合，关火，撒上盐和胡椒调味。

○ 烤箱预热至 180℃。平底锅里倒入少许油烧热，开大火煎鸭排，每一面煎 2~3 分钟。把大圆面包横向切成两半,放进烤箱里烘烤 5 分钟。

○ 在面包的一面铺上炒好的蔬菜，放上鸭排和肥鹅肝切片，最后盖上顶层的面包即可。

法式油封鸭蜂蜜汉堡

 20 分钟

 10 分钟

 2 人份

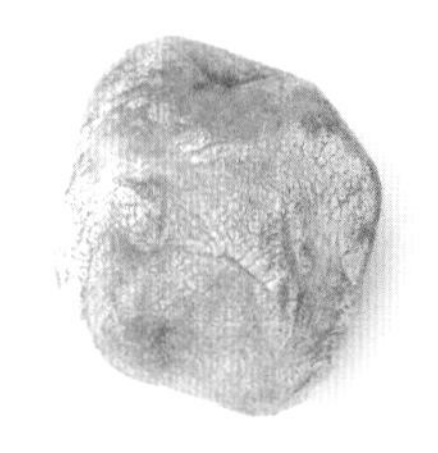

夏巴塔小面包 2 个

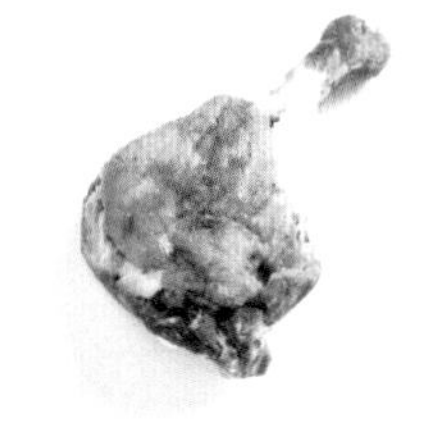

油封鸭腿 2 只

洋葱 1 个

含芥末籽的老式芥末酱 2 汤匙

蜂蜜半汤匙

绿卷须生菜菜叶 60 克

○ 洋葱切丝。把含芥末籽的老式芥末酱和蜂蜜混合，搅拌均匀。

○ 开小火加热油封鸭腿，不时翻面，当鸭皮呈金黄色时，出锅备用。往锅里倒入洋葱丝，翻炒到呈焦黄色为止，约 15 分钟。把鸭腿上的鸭肉撕下来，放到锅里，让鸭肉丝和洋葱丝充分混合，然后撒上盐和胡椒调味。

○ 把烤箱预热至 180℃。把夏巴塔小面包横向切成两半，放进烤箱里烘烤 5 分钟。

○ 在面包内里均匀地抹上蜂蜜芥末酱，放上炒好的鸭肉洋葱丝，最后加入适量的绿卷须生菜菜叶，并盖上顶层的面包即可。

配料索引

图书在版编目（CIP）数据

汉堡 / (法) 奥拉泰·苏克西萨万著 ; (法) 夏洛特·拉塞夫摄影 ; 胡婧译. — 北京 : 北京美术摄影出版社, 2018.12
(超级简单)
书名原文: Super Facile Burger
ISBN 978-7-5592-0176-8

Ⅰ. ①汉… Ⅱ. ①奥… ②夏… ③胡… Ⅲ. ①汉堡包—食谱 Ⅳ. ①TS972.158

中国版本图书馆CIP数据核字(2018)第211700号

北京市版权局著作权合同登记号: 01-2018-2833

责任编辑：董维东
助理编辑：杨　洁
责任印制：彭军芳

超级简单

汉堡

HANBAO

[法] 奥拉泰·苏克西萨万　著
[法] 夏洛特·拉塞夫　摄影
胡婧　译

出　版　北京出版集团公司
　　　　北京美术摄影出版社
地　址　北京北三环中路 6 号
邮　编　100120
网　址　www.bph.com.cn
总发行　北京出版集团公司
发　行　京版北美（北京）文化艺术传媒有限公司
经　销　新华书店
印　刷　鸿博昊天科技有限公司
版印次　2018 年 12 月第 1 版第 1 次印刷
开　本　635 毫米 × 965 毫米　1/32
印　张　4.5
字　数　50 千字
书　号　ISBN 978-7-5592-0176-8
定　价　59.00 元
如有印装质量问题，由本社负责调换
质量监督电话　010-58572393